KB125317

몸과 마음을 편히 다스리는 식사

대안스님의 채소밥

how to use

책의 사용법

1. 책에서 설명하는 계량의 기본. 1컵은 200ml, 스푼은 1큰술=15ml, 1작은술=5ml이다.
2. 완성 분량은 2인 기준으로 고려해 만드는 법을 설명했다. 한편으로 면 음식이나 덮밥 등 한 그릇 요리의 경우에는 메뉴에 따라 1~2인분 기준으로 소개했으며, 이는 어디까지나 일반인의 식습관에 따른 분량을 기준으로 한 것이다.
3. 책에 소개한 채소 요리들의 기본 맛국물은 채수, 즉 말린 표고버섯과 다시마를 넣고 끓인 채소물을 이용한다. 단, 조리법에 따라 들어가는 물의 양도 달라지므로 분량을 잘 확인하도록 한다. 넉넉하게 만들어 보관용을 남기고 일부만 사용해도 된다. 일반적인 채수 만드는 법은 책 p.134를 참고한다.
4. 요리에 필요한 기본 양념과 맛가루는 p.132, p.136을 참고해 갖추어두면 보다 좋은 맛을 낼 수 있다. 이와 함께 밀가루는 기본적으로 우리밀 밀가루를 사용했다.
5. 채소 요리에 사용한 간장은 재래식으로 만든 집간장이다. 단, 집간장은 시판용 간장보다 염도가 높은 편이므로, 짠맛을 줄이거나 조림을 할 때는 마트에서 파는 양조간장을 사용한다. 이 경우 '간장'이라고 별도 표기해두었다. 따라서 각자의 입맛이나 음식 종류에 따라 염도를 감안해 양을 조절하도록 한다.
6. 튀김용 식용유는 재료에 따라 보통 3~5컵 정도를 사용한다. 기름의 온도는 180℃ 정도가 적당하며, 예열한 기름에 튀김옷을 떨어뜨렸을 때 중간까지 내려갔다가 이내 동동 떠오르는 상태로 확인한다.

몸과 마음을 편히 다스리는 식사

대안스님의 채소밥

대안스님 지음

Contents

여는 글

essay

column. 채소밥의 기초

1 채소 10가지로 차린 일상 밥상 음식

3 한국인이 가장 즐겨 먹는 채식 밥상 음식

제철 채소로 만드는 신선하고 아삭한 김치

4 동서양의 맛을 아우른 일품 채소 요리

5 하루의 활력소 한 그릇 별미밥과 도시락

심신이 맑아지는 차 생활

닫는 글

가장 단순하지만 우리 몸에 가장 적당한 밥상

우리 존재, 인류가 시작된 이래 생사生死의 언저리에 음식 문화가 자라왔다. 이제 우리는 누구나 건강하기 위해 '좋은 음식'을 찾는다. 그런데 참 희한한 일이다. 생활이 여유롭고 먹거리는 더없이 풍부해졌음에도 현대인의 건강은 일명 '고급병'이라고 불리는 각종 질병으로 인해 위협받는다. 영양소의 균형 잡힌 섭취와 까다로운 식재료 선택에 집착해 얻은 '좋은 음식'들이 어떤 문제를 불러온 것일까. 이는 탐심貪心이 부른 탐식貪食을 일상화한 결과라고 생각한다. 좋은 음식이란 무엇인가. 나는 우리 조상이 늘 먹던 밥상, 그들의 음식을 최고의 건강식으로 꼽는다. 밥과 탄수화물, 미네랄, 섬유소, 광합성 작용으로 얻는 영양 등등. 굳이 용어들을 들먹이지 않아도, 우리 조상이 일상에서 마주한 밥상은 그 자체로 튼실한 균형을 갖춘 한 끼 식사이기에 소중하다. 우리 전통 식문화로 내려온 이 일상 한 끼가 바로 '절밥'과 맞닿아 있고, 가장 단순하면서 우리 몸에 가장 '적당한 밥상'을 뜻한다. 흔히 절밥 하면 오신채五辛菜(마늘, 파, 부추, 달래, 홍거)를 넣지 않은 음식, 혹은 밥과 나물 위주의 심심한 채식 밥상이 연상된다. 그러나 특별한 재료와 양념은 물론 복잡한 조리법도 필요 없는 이 채소밥은 오래전 우리 조상들이 먹던 것과 크게 다를 바 없다. 그저 간단하게 무치고, 삶고, 볶아 최대한 자연의 맛과 향을 음식에 담는 것뿐이다. 절밥은 사찰요리와 맥락을 함께하지만, 단지 사찰음식이란 개념을 규정지을 때 그 의미는 조금 달라진다. 이 책을 대하는 독자가 그 차이를 구체적으로 숙지할 필요는 없겠으나, 그동안 몇 권의 '사찰음식' 요리서를 집필한 이로서 이번 책의 주제를 '채소밥'으로 풀어낸 이유를 전하려면 짧은 설명은 필요할 듯하다.

채식과 절밥
그리고 사찰음식

채식은 몸에도 좋을뿐더러 최근에는 지구온난화를 위해 취해야 할 식생활 습관이라는 인식이 점차 커지는 중이다. 기존 채식주의자는 물론이고 건강한 삶에 가치를 둔 젊은 세대, 중년층을 위한 채식 밥집과 레스토랑, 베이커리, 뷔페 등이 상당히 늘었다. 이런 추세에 발맞춰 채소를 좀 더 맛있고 건강하게 즐길 수 있는 조리법이 다양해지고, 새로운 연구와 교배를 통해 탄생하는 채소 종류 역시 속속 등장했다. 채식이 지구의 미래를 지키기 위한 대안으로 생활 속에 들어오기 시작했다. 그러나 여전히 우려가 되는 문제들은 남았다. 기후변화에 대응해 작물 성장 온도를 맞추고자 비닐하우스 속에서 많은 작물이 생산되고 있지만, 잡초를 일일이 손으로 뽑지 못하고 병충해를 막기 위해 농약을 사용해야 하는 농업 환경은 아쉽기만 하다. 개인적으로는 하루빨리 모든 작물을 유기농으로 재배할 수 있는 날이 오기를 바란다. 그런가 하면, 일단 채식을 접하고 실천하기 시작한 사람들의 반응은 한결같다. '채식을 해보니 속이 편안하고 머리도 가뿐한 느낌입니다.' 이러한 채식의 강점을 극대화하려면 제철 재료로 만든 음식, 즉 '계절식'을 먹는 것이 좋다. 예를 들어 겨울에 오이를 즐겨 먹으면 냉증이 일어나기 쉬운 것처럼, 제철에 나는 음식을 색깔별로 조화롭게 먹는 것이 내 몸을 돌보는 기본적인 방법이 되기 때문이다.

어떤 이들은 절밥이 오신채만 빠지면 완성되는 것이라고 생각한다. 그러나 오신채의 존재보다 중요한 것은 '정신'이다. 생명의 중심에 절밥이 있다. 절밥은 공양의 공덕을 품고 있다. 모든 음식에는 만든 이의 정성과 기품이 담긴다. 무엇보다 불전에 올리는 음식이기에 정갈하고 먹는 마음도 단정하다. 먹을 만큼만 먹을 수 있고 평등공양이다. 먹고 난 음식은 헌식獻食을 통해 다른 생명에게까지 공양하는 미덕을 지녔다. 생명의 소중함을 가장 큰 덕목으로 수행하는 자비문중 절집에서 정찬을 먹는 것은 당연한 일이며, 다른 생명을 해치지 않고 밥상을 차리는 것은 수행의 한 덕목이다. 맛있는 산해진미가 어찌 나 하나의 공덕으로 이뤄질 수 있을까. 갖은 오신주육五辛酒肉(오신채와 고기, 술)과 식재료로 넘치는 밥상을 돈을 지불하고 먹는다 해도, 타인의 수고로움까지 수용할 복인이 과연 몇이나 될지 생각해본다. 그리고 인류의 스승이라 할 만한 이들이 모두 채식주의자들이었음을 생각해볼 때 우리는 이제 불필요한 자만심을 꺾어야 할 시점임을 다시금 깨닫는다.

소는 식물을 먹고 자신의 살집을 내어준다. 우리의 오장육부는 동물성 음식을 소화해내기에 적합한 능력을 갖추지 않았음에도 인간의 이기심은 '초식성인'인 우리의 소화기관을 바꾸려 해왔다. 이런 노력이 오랜 시간 진행되어오는 동안, 결국 우리는 새로운 질병을 품은 채 살게 되었다. 고혈압, 고지혈증, 당뇨, 통풍 등등… 당연히 생길 수 있는 질병을 한 번도 의심하지 않으면서 말이다. 이와 함께 탐식은 악순환의 고리를 만들었다. 환경이 파괴되고 수많은 개발 논리와 '한 집 밥상'이 되면서 공기와 땅이 심각하게 오염되고, 그 결과 농산물도 함께 오염되었다. 좀 더 쉬운 경작을 위해 농약을 사용하고 그 폐해를 가늠하지 않은 상황에서 묵인된 기준치가 이제 우리 건강을 위협하는 것이다. 특히 도심지의 개발지 그리고 새집에서 발생하는 아토피의 확산은 가히 국민병이라 불리는 수준이 되었다. 아토피는 자신의 열이 통로를 찾지 못해 피부를 태우는 일종의 화상과 같은 피부 질환이다. 누구 한 사람, 특정 집단의 잘못으로 보기에는 엄청난 과오가 묵인되고 있으며 그렇게 우리는 가해자와 피해자의 공존 속에서 환경병을 앓고 있다.
최근 미세먼지로 인해 마음대로 숨 쉬기조차 어려운 세상이 되자 이제 사람들은 깨닫기 시작한다. 숲을 찾아 그 속에서 숨을 쉬어본다면 그 맑은 공기와 기운에 우리에게 어떠한 금전적 가치와도 바꿀 수 없는 소중한 존재임을 알 수 있다(돈을 지불하고 깨끗한 공기를 마실 수 있는 세상이 머지않았음을 빨리 알았더라면, 지난 수십 년간 이토록 무분별하게 숲을 없애지는 않았을 것이다). 우리 삶의 건강한 미래를 좌우하는 산과 숲. 그 속에서 자라는 수많은 식물의 포타슘(칼륨)이 병들어가는 몸을 회복시킬 수 있다. 현실적인 어려움은 있겠으나 좋은 퇴비로 길러진 농산물이 늘어, 누구나 쉽게 좋은 먹거리를 구할 수 있어야 한다. 농약과 비료에 의해 화학물질을 품은 농산물을 언제까지고 계속 먹을 수는 없다. 건강한 식생활로 돌아가는 길은 절밥의 조리 원리를 응용한 채식이 답이다.

절밥은 여러 양념을 쓰지 않고 재료가 지닌 향과 맛을 살린 순수식이다. 간을 위해서는 거의 대부분 소금과 집간장, 참기름, 들기름, 산초기름, 통깨와 들깨 그리고 다시마물과 표고버섯 우린 물만을 사용한다. 또 소스에는 두부, 견과류와 함께 과일, 효소를 이용한다. 그 예로 파인애플과 두부, 삶은 감자를 으깨어 2배 식초와 조청을 넣으면 실로 근사한 맛의 드레싱 소스를 만들 수 있다. 또 식물성 콩으로 만든 채식 마요네즈는 시판하는 동물성 마요네즈보다 훨씬 우리 몸을 건강하게 한다. 두부와 견과류, 식초, 올리브유, 조청과 소금을 넣고 믹서에 갈면 손쉽게 완성된다. 여기에 키위, 멜론, 사과 등의 과일을 함께 넣으면 상큼한 향까지 맛볼 수 있다. 이렇듯 절밥은 그 전통성이 중요하지만 옛맛에 머물지만은 않는다. 새로운 창작 작업을 통해 젊은 세대를 아우르는 신선한 맛을 제안하고, 건강이 인생의 화두인 현대 남녀노소의 식생활에 활력을 주고자 한다. 장아찌를 먹고 소금기로 만들어진 노폐물을 몸 밖으로 배출해야 하고, 이른바 퓨전식을 고안해 대중의 입맛에서 멀어지지 않는 '친근한 절밥'을 이어가야 한다. 이러한 노력의 결과를 한 권으로 집약한 것이 바로 이번 책 〈채소밥〉이라고 할 수 있겠다.

한편으로 사찰음식은 단순한 재료에 맛을 내는 양념 두어 가지 정도를 첨가해 간단하면서도 조화롭게 만드는 영양식이다. 음식에 여러 가지 양념을 넣으면 각기 다른 나물도 모두 비슷한 맛을 내는 경우가 많다. 미나리전, 쑥전, 냉이전이 모두 비슷한 맛을 내는 것도 기름 양, 불 조절 이외에 이러한 이유에 기인한다. 그런 의미에서 '고유의 맛'을 간직한 음식, 자연식의 향취가 저마다의 향으로 나타나고 어우러지는 것이 바로 사찰음식인 셈이다. 따라서 사찰음식에서는 인공 조미료, 감미료를 넣지 않는다. 조미료는 버섯가루, 다시마가루, 산초가루, 계핏가루, 들깻가루·깻가루, 콩가루 등등 천연의 것만 사용한다. 그런가 하면 천연 조미료 역시 결코 과하게 쓰는 법이 없다. 재료 간의 맛의 조화와 영양의 불균형을 해소하거나 정화력을 높이기 위해 조금 첨가하는 정도로만 넣어준다. 그래서 사찰의 공양간에서는 음식 냄새가 그리 오래가지 않는다. 조리법, 요리 재료가 모두 간단하기 때문이다. 신선한 향내만이 이웃 간의 정처럼 푸근하게, 들꽃의 미소처럼 소소하게 머물 따름이다.

전통음식
연구원

겨울이 지나 봄이 무르익어가면 산야山野에는 늘 그렇듯 수많은 푸성귀와 산야초들이 지천으로 자라난다. 그런데 언제부터인가 고유의 향과 식감을 지닌 이들 채소는 밥상에서 멀어졌다. 요즘 입맛에 맞지 않다는 주관적인 사고방식에 가린 탓이다. 그러한 연유로, 이번 책의 집필을 시작하면서 소개하는 요리에 두 가지 원칙을 세웠다. 첫 번째, 일 년 내내 마트에서 손쉽게 구입할 수 있는 가장 친근한 채소를 주재료로 삼았다. 물론 자연에서 자란 제철 채소의 맛과 영양을 따라갈 수는 없겠으나, 중요한 점은 채소 고유의 맛과 영양을 얻는 것이다. 육식에 길들여진 젊은 세대가 채식에서 얻는 장점을 깨닫기 위해서는 가장 구하기 쉬운 식재료를 다양하게 활용하는 것이 기본이 되어야 하기 때문이다. 두 번째는 양념이다. 똑같은 채식이라 하더라도 양념류의 첨가에 따라 맛은 물론 영양분의 흡수율도 달라지기 마련이다. 기름진 양념을 배제한 절집 스타일 밥과 반찬, 일품요리를 매일 한 끼 식사로 마주하면서 가족 모두 '속 편한' 일상과 친해지기를 기원한다. 어떤 이는 살기 위해 먹는다 하고 어떤 이는 먹기 위해 산다고 한다. 두 가지 모두 같은 말이나, 결국 의식주가 편안할 때 건강함을 영위할 수 있다. 우리의 성품까지도 변화시키는 식재료를 이제는 잘 선택해 사용해야 한다. 그리고 생명의 존엄성을 일깨우는 절밥, 채식의 힘을 결코 과소평가하지 말아야 할 것이다.

당장의 업이 발동하지 않는다 하여 묵과하고 먹는 음식들은 결국 내 몸을 망친다. 때로 절집에 사는 사람들조차 절밥을 소홀히 대하는 현실 속에 내 낮은 음성이 우주의 어느 귀퉁이에서 소리가 되어 들릴 수 있을지 모르겠으나, 언제나 그래왔듯 오늘도 그저 말할 뿐이다.

Part 1

채소 10가지로 차린 일상 밥상 음식

생명을 덜 해치니 이번 생에서 마음 편하고 미안함이 덜한 감사한 식사법. 그리고 다음 생에서도 누군가 나를 해치지 않을 것이라는 고마움이 넘치는 부처님의 인연 공양법. 이것이 바로 사찰음식이다. 감사함의 마음으로 자연의 재료를 요리하는 사찰음식은 그 정신을 통해 일상의 절밥 음식 또한 만들어왔다. 절밥은 특별할 것 없이 지극히 소박한 자연식이지만 하나하나의 음식에 생명 존중 사상이 담겼다. 이러한 밥상을 우리가 요즘 가장 즐겨 먹는 채소들을 이용해, 절밥보다도 훨씬 다양하고 좀 더 색다른 '채소밥' 메뉴를 만들어 소개하고자 한다.

단지 모든 음식은 아무리 단순해도 진심을 다해 섬세하게 만들어야 함은 물론이고, 자연을 품은 재료가 성품이 강렬한 재료들과도 조화로울 수 있도록 '까다롭게' 요리해야만 한다. 이와 함께 내가 만든 채소 음식의 맛이 특별히 좋다고 인정받는 가장 중요한 이유는 이곳 땅의 재료만을 고집스럽게 사용하는 데 있을 것이다. 우리의 몸이 우리 자연에 순응하고 맞춰진 이치와도 같이, 먹거리 역시 향토 식재료야말로 소화와 영양 흡수가 가장 좋고 입맛을 돋운다.

육식 위주의 식단을 자제해가며 날마다 조금씩 더 채식 생활로 개선하면 몸과 마음이 편안해지고 교감력과 이해심도 많아진다. 이를 위해서는 사계절 내내 마트에서 구입할 수 있는 채소를 적극 이용해 자연을 고루 담은 담백한 음식을 풍성하게 즐겨보기 바란다.

채식 밥상의 주역,
대표 채소들의 성분과 효능

채취하거나 재배되는 모든 식물은 뿌리, 줄기, 잎, 꽃, 열매가 모두 각기 다른 성질을 지닌다. 모든 뿌리가 같은 영양소를 갖고 있지 않듯 각 부분 또한 열성, 냉성, 무색무미 등등 성질이 천차만별이다. 토질, 기후 풍토, 재배 환경에 따라서도 채소마다 각각 다른 영양 성분을 지니게 되는데, 이렇듯 다른 성분들이 우리 몸에 두루 이로움을 전한다. 몇 가지 대표 채소들의 성질과 효능을 예로 들어보자. 대부분 푸른색 채소인 산야초는 해독 기능이 있어 간에 좋다. 특히 산야초에 함유된 파이토케미컬phytochemical 성분은 항산화 작용으로 노화 방지 효과도 있는데, 고유의 성질이 강하므로 성품에 따라 잘 조리해 먹어야 한다. 우리가 가장 즐겨 먹는 잎채소의 하나인 양배추는 백색 식물에 속한다. 백색의 성분은 '금'으로 폐와 대장 활동을 돕고, 잎은 광합성을 통해 곡류의 소화를 돕는다. 위에 좋은 성분이 함유된 채소로 잘 알려져 있으며 특히 열성 체질에 좋다. 단, 그냥 먹기보다 쪄서 먹는 편이 영양분 흡수에 도움 된다.
대부분 흰빛을 띠는 뿌리채소는 땅속 깊은 곳에 뿌리를 내려 '근기'를 품은 채 머무른다. 그런 만큼 뼈에 좋은 성분이 풍부하며 폐와 대장을 돕는 성분도 많다. 대표적인 뿌리채소인 연근은 물이 낀 토양에서 자라지만 금의 성품을 지니며 구멍 뚫린 모양은 뼈에 붙은 근육에 해당한다. 〈동의보감〉에도 근육통 증상 완화에 연근 생즙이 좋다는 내용이 실려 있는데, 이는 산소가 드나드는 근골의 뼈세포를 키우는 역할을 돕기 때문이다. 건강한 폐가 뼈세포를 키우는 원리를 보면 결국 백색 뿌리채소는 폐에도 도움이 된다. 단호박은 한 덩어리로 자라는 덩이식물의 대표 채소이다. 흙의 성질을 지닌 덩이채소는 위와 비장, 췌장, 쓸개 등의 기능을 도우며 오행 중 '토'에 속한다. 채소별로 각기 다른 맛과 향을 지녔으나 단맛을 내는 것이 공통점이다.
이렇듯 자생의 형태와 지닌 성질, 특징이 각기 다른 채소들은 음식 재료로서도 각각의 맛과 향, 효능을 지녀 어느 하나 같은 풍미를 내지 않는다. 이들 고유의 특성을 파악하고 잘 살려 요리한다면 일 년 내내 건강하고 맛 좋은 채소 밥상과 마주할 수 있을 것이다.

채식, 마음이 깃들어야 가능한 식생활

채식菜食이라는 단어를 설명하자면 '재료의 구분'을 통해 일컫는 음식의 종류라고 할 수 있다. 육류성을 뺀 나머지 종류가 모두 채식에 속하며, 그러니 사찰음식도 채식의 분류에 속한다. 한편으로 채식의 의미는 매우 방대하여 굳이 제철 재료가 아니어도 상관없고, '엄격한 채식주의자'로 분류되는 비건vegan이 섭취하는 재료도 최근까지 라면, 과자 같은 인스턴트식품이나 레토르트식품이 완전히 배제되지 못한 게 현실이었다.

우리가 채식을 하는 진정한 의미에는 기본적으로 '생명 존중 사상'이 담겨 있음을 잊지 말자. 내 몸과 지구 생명들의 영혼 그리고 지구의 온전한 건강을 바라는 마음이 깃들어 완성하는 식사법이다. 물론 질병의 치유나 다이어트 등 소기의 특수한 목적을 위해 채식을 선택한다고 해도 이는 육류성 음식보다 훨씬 낫다. 단지 가장 자연스럽게 채식 생활을 시작하고 즐기는 데에는 '마음의 성찰'도 함께 이뤄져야 한다고 생각한다. 의식적, 의무적으로 채식을 접하지 않아도 되는 수준에 이르는 방법이기도 하다. 만약 채식과 사찰요리의 선의식이 만난다면 자애롭고 생명력 강하며, 부드러우면서도 강인한 채식의 품성이 심신 깊숙이 자리 잡게 될 것이다.

채식을 실천하고자 하는 이들에게 한 가지 더 일러둘 내용이 있다. 모든 생명체에 담긴 약성藥性에 관한 문제로, 우리가 쉽게 생각하듯 식재료, 음식이 바로 약이 되는 것은 아니라는 사실이다. 가장 중요한 것은 조화로운 식생활로 잘 먹는 매끼 식사가 약보다 나을 수 있다는 의미로 받아들여도 좋을 듯하다.

건강을 챙기는 많은 이들이 채식만큼, 혹은 그보다 더 큰 관심을 지닌 것이 바로 한의학에 바탕을 둔 '약선요리'다. 간략히 설명하자면 '약과 음식은 근원이 같다'는 의미의 약식동원藥食同原에서 출발한 음식으로, 약재로 쓰이는 식물과 함께 곰 발바닥과 쓸개, 거북이 껍질 등 '약 성분'이 되는 동물의 일부를 재료로 사용한다. 동물 재료에 약재를 첨가함으로써 그 동물성 재료가 약이 되는 성분을 뽑아내게 하는데, 우리가 익히 잘 아는 대표 음식 중 하나가 삼계탕이다. 이때 식물은 동물의 독성을 완화하면서 약리 작용을 일으키는 데에 필요한 식재료다. 약선요리도 몸의 치유와 건강 보존을 위한 가치를 지녔으나 아직까지도 잘못된 영양주의의 선호로 무분별하게 이를 찾는 사람들이 많은 현실이다. 약선요리를 지나치게 섭취하면 몸의 '자연성'에 혼란을 일으켜 특정 부분은 지나치게 강하고 다른 부분은 약하게 하면서 신체의 조화를 해친다. 강한 신체 부위에 초점을 맞춰 생활하게 되면 약한 부위의 건강은 치명적인 영향을 입을 수도 있다는 사실을 잊지 말아야 한다.

동물성 재료를 일절 사용하지 않는 사찰음식의 정신이 담긴 채소 밥상에서는 당연히 이런 우려를 하지 않아도 된다. 채식의 의미는 균형과 조화에 있다. 불살생不殺生의 계율에 따른 사찰음식은 심신을 정화하는 작용으로 인해 심신을 조화롭게 하기 때문이다. 일반적인 식물과 약초(식물은 약초라는 이름도 함께 지닌다)는 자정 작용을 통해 우리 삶에 온화함과 평안함, 향긋함 그리고 강인함이 어우러지도록 한다.

채소 음식의 맛을 살리는 기본 조리법

하루 한 끼만 채소 식사를 장기간 실천하거나, 또는 2~3일 정도 채소 음식만 섭취해보면 몸이 가벼워지고 좋은 성분과 기력이 몸속에 퍼지는 것을 느낄 수 있다. 채식에 습관을 들이려면 사용하는 채소 하나하나가 어떤 영양분을 지녔는지 알아두면 좋고, 이와 함께 조리에 따라 고유의 맛 성분을 잘 끌어내기 위한 간단한 원칙을 익히면 도움 된다.

밥 짓기

요즘은 전기밥솥 기능에 따라 버튼 조작만 잘하면 흰밥에서 잡곡밥, 죽까지 실패 없이 완성하는 세상이다. 그럼에도 요리에 관심 있는 젊은 층은 솥밥, 냄비밥에도 흥미를 보이는데, 불 조절의 묘미에 따라 쌀알이 탱글탱글하고 윤기 나는 밥을 맛볼 수 있기 때문이다. 밥 짓기 이야기는 p.145를 참고하면 되며, 일반적으로 백미는 1시간 정도, 현미는 2시간 이상 불려 밥을 짓는다. 밥물의 경우 전기밥솥을 이용할 때는 백미와 물의 비율을 1:1로 잡고, 잡곡을 섞는 경우에는 물을 1.2배 정도로 좀 더 넣어주는 것이 좋다. 햅쌀이 아닌 묵은 쌀을 이용할 때 역시 물을 1.2~1.3배 정도로 많이 넣는다. 솥이나 냄비밥을 지을 때는 일반 전기밥솥보다 물의 양을 적게 한다. 예를 들어 2인 기준으로 불린 백미 1 1/2컵(300ml)을 준비한 경우 물은 240ml 정도로 조금 적게 잡는다. 한편 쌀을 불린 뒤 치대어 씻어 여러 번 헹구고 밥을 지으면 당 성분이 빠지면서 '저당밥'이 완성되므로 이는 식이요법이 필요한 사람이 참고하면 좋다. 속이 불편할 때 쌀알로 끓이는 죽은 불린 쌀을 부서지도록 손으로 치대면서 씻은 뒤, 쌀물을 뜨물처럼 만들어 사용한다.

채소 볶기

절집 채소 음식을 기본으로 한 채소 볶음 요리의 제맛을 내는 데에는 중요한 비결이 있으니, 이는 다름 아닌 '불 조절'이다. 즉 채소를 밑간해 기름에 볶는 음식은 항상 센 불에서 먼저 볶도록 한다. 이후로 물기가 생길 때 불을 줄이고 마저 익히는 것이다. 또 팬에 재료를 볶을 때 일반 서양 요리처럼 가열한 팬에 올리브유 등 기름을 따로 둘러야 하는지 궁금해하는데, 크게 2가지 방식으로 나뉜다고 보면 된다. 일반 요리에서는 팬에 기름을 두르고 볶기 마련이나 이는 볶기 전 재료에 기름을 넣고 무치지 않았을 때의 방법으로 중국의 조리 방법이다. 우리네 채소 조리법은 대부분 참기름이나 들기름을 넣고 조물조물 무친 뒤 가열하는 방식이므로, 이럴 때는 별도의 기름을 두를 필요가 없다. 보통 이러한 조리법을 '덖는다'고 표현하며, 이번 책에서도 거의 모든 재료는 마른 팬에 볶는 방법을 사용했다.

채소 조리기

절집에서 만드는 채소 조림은 자극적인 양념을 쓰지 않고 재료의 향을 살려 짭조름하게 간해 조린 반찬을 곁들여 입맛을 살린다. 조림은 조청과 같은 끈끈한 양념을 넣고 약한 불에서 오래 익히는 음식으로, 중요한 것은 어떤 채소든 처음에는 센 불로 가열하기 시작해야 한다는 점이다. 이렇게 재료 표면이 어느 정도 익으면서 국물이 자작해지면 불을 약하게 줄여 오래도록 익혀야 한다. 또 조림의 단맛을 내는 당 성분의 경우, 정제 설탕이나 물엿 대신 정제하지 않은 사탕수수 원당이나 전통 조청을 사용해야 몸에 좋고 맛도 깔끔하다.

감자 음식

6~10월이 제철인 감자는 '땅속에서 나는 사과'라고 불릴 정도로 비타민이 풍부한 영양 채소다. 7~8월에 나는 햇감자(하지감자)는 껍질이 얇고 식감이 포슬포슬해 쪄 먹기만 해도 맛이 좋다. 거의 모든 영양소가 함유되어 있으며 주성분은 탄수화물이고 전분, 펙틴, 식이섬유가 풍부하다. 콜레스테롤을 낮춰 성인병 예방에 효과적이며, 칼륨 함유량은 바나나보다 높아 혈압을 조절해준다. 또 비타민 C는 사과의 2배나 되어 피부 미용이나 다이어트 음식으로도 제격이다. 산성이 강한 인스턴트 음식이 넘쳐나면서 사람들의 몸은 점차 산성으로 기울고 있는데, 인간의 몸은 산성으로 변할수록 피로가 쉽게 쌓이고 쇠약해지는 법이다. 이런 사람들이 알칼리성 채소인 감자를 장기적으로 잘 챙겨 먹는다면 체질 개선 효과를 볼 수 있을 것이다.

감자밥

감자를 넣고 지은 밥에 양념장을 넣어 쓱쓱 비벼 먹는 별미 영양밥. 포슬포슬한 햇감자가 나올 무렵 만들어 먹으면 더욱 맛있다.

재료(2인분) 불린 쌀 2컵, 감자(중) 2개 *양념장 집간장 · 참기름 · 조청 1큰술씩, 청 · 홍고추 1개씩

만드는 법

1. 쌀은 씻어 1시간 정도 불린다.
2. 감자는 깨끗이 씻어 껍질을 벗기고 6등분한다.
3. 솥에 쌀을 안치고 밥물을 맞춘 뒤 위에 감자를 얹고 불을 켠다.
4. 센 불에서 끓기 시작하면 중간 불로 낮춰 쌀을 충분히 익힌다. 15분 정도 지나 팔팔 끓으면 약한 불로 줄인 다음 10분 정도 뜸 들인다.
5. 밥을 지을 동안 양념장을 만든다. 우선 고추는 씻어 반으로 갈라 씨를 제거하고 잘게 다진다.
6. 볼에 분량의 간장과 조청을 섞은 다음 다진 고추와 참기름을 넣어 잘 섞어준다.
7. 감자밥이 완성되면 양념장과 함께 낸다.

감잣국

진한 감칠맛이 우러난 채수와 집간장만으로 담백하게 맛을 낸 맑은 국.

재료(1인분) 감자(중간 크기) 2개, 채수(말린 표고버섯 30g, 다시마 30g, 물 4컵) 3컵, 집간장 2큰술

만드는 법

1. 냄비에 물 4컵을 붓고 표면을 깨끗이 닦은 말린 표고버섯과 다시마를 넣어 7분간 끓인다. 건더기를 건져내고 채수를 만든다.
2. 감자는 깨끗이 씻어 껍질을 벗기고 한입 크기로 납작하게 썬다. 물에 한 번 헹군 뒤 물기를 뺀다.
3. ①의 채수에서 건져낸 표고버섯 2개는 밑동을 떼어내고 도톰하게 썬다.
4. 채수에 집간장을 넣은 뒤 준비한 감자와 표고버섯을 함께 넣는다. 감자가 투명해질 때까지 센 불에서 한소끔 끓여 완성한다.

Tip. 1인분 양으로 적게 만들 때의 채수는 물 3컵을 기본으로 하면 된다. 채수 만들기 페이지를 참고해 넉넉하게 끓인 뒤 적당한 분량을 사용해도 상관없다.

감자조림

표고버섯, 다시마를 우려 만든 상비 채수로 조림장을 만들어 감칠맛을 더한 인기 밑반찬.

재료 감자(중간 크기) 2개, 참기름·통깨 약간씩 *조림장 채수 1컵, 집간장·조청 1/4컵씩

만드는 법

1. 감자는 깨끗이 씻어 껍질을 벗기고 2cm 정도로 큼직하게 깍둑썰기 한 다음 물에 담가둔다.
2. 채수는 기본 만들기를 참고해 끓여 분량만큼 준비한다.
3. 별도의 냄비에 ②의 채수 1컵과 분량의 간장, 조청을 넣고 잘 섞으면서 조림장을 끓인다.
4. ③이 끓으면 물기를 뺀 감자를 넣고 윤기가 돌도록 중약불에서 조린다.
5. 국물이 자작해질 때까지 조린 다음, 마지막으로 참기름을 살짝 둘러 버무리고 통깨를 솔솔 뿌려 완성한다.

감자국수

가늘게 채 썬 감자를 찬물에 오래 담가 전분을 빼내면 전혀 새로운 식감과 맛의 한 그릇 면 요리가 완성된다.

재료(2인분) 감자 2개, 풋콩 1컵, 생수 1컵, 소금 1작은술, 검은깨 1/2작은술

만드는 법

1. 풋콩을 끓는 물에 삶은 뒤 익으면 찬물에 헹군다. 믹서에 콩과 같은 분량의 생수, 소금 약간을 넣고 갈아서 차갑게 보관해둔다.
2. 감자는 껍질을 벗기고 가늘게 채 썬다. 채칼을 사용하면 훨씬 수월하다.
3. 채 썬 감자는 물에 헹궈 씻은 뒤 찬물에 담가 전분을 뺀다. 이때 중간중간 물을 여러 번 갈아주면서 전분을 모두 빼내도록 한다.
4. 그릇에 ③의 감자를 말아놓고 콩물을 붓는다. 방울토마토와 오이, 검은깨를 얹어 낸다.

Tip. 반으로 자른 방울토마토(2개)와 곱게 채 썬 청오이(1/5개 정도 분량)를 올려 내면 보기에도 좋고, 감자국수에 청량한 맛을 더한다. 풋콩이 없으면 완두콩을 이용해 국물을 만들어도 맛있다.

감자뭉생이

간 감자의 물기를 짜서 앙금과 건더기를 혼합해 쪄 먹는 떡 종류다. 강원도 지역의 토속음식으로, 감자범벅이라 부르기도 한다.

재료

감자(중간 크기) 2개
밤 1~2알
대추 2개
풋콩(강낭콩 또는 울타리콩) 1큰술
다진 잣 1큰술
갈색 설탕 1/2작은술
소금 약간
죽염 1/2작은술
참기름 1/2작은술

만드는 법

1. 감자는 깨끗이 씻어 껍질을 벗기고 강판에 갈아 체에 거른 뒤 국물을 꼭 짜낸다.
2. 밤은 삶은 뒤 3~4조각으로 잘라둔다.
3. 대추는 씨를 빼내 돌돌 만다. 풋콩도 씻어 물기를 뺀다.
4. ①의 감자에 분량의 갈색 설탕과 소금 약간을 넣고, 준비한 밤과 대추, 콩, 다진 잣을 넣어 고루 섞은 뒤 한입 크기로 뭉친다. 이것을 김이 오른 찜기에 넣어 찐다.
5. 찐 감자뭉생이를 접시에 담은 뒤 서로 달라붙지 않도록 물에 참기름을 섞어 가볍게 뿌려 낸다.

Tip. 풋콩을 탄수화물 식품과 함께 섭취하면 콩에 함유된 비타민 B_1이 탄수화물 대사를 원활하게 한다. 열량이 낮아 포만감을 주며 다이어트에도 효과적이다. 풋콩이 없다면 불린 서리태를 10분 정도 삶아 사용해도 된다.

감자초회 · 청경채초회

고추장, 식초, 간장을 넣은 초장 양념으로 바로 무쳐 매콤한 밑반찬이나 술안주로 먹기 좋은 음식이다.

재료

감자(중간 크기) 2개, 청경채 8포기, 소금 · 참기름 약간씩
*양념 초장 고추장 1큰술, 고춧가루 1/2큰술, 집간장 1/2큰술, 물 1큰술, 조청 1큰술, 2배 식초 1큰술, 통깨 1/2큰술

만드는 법

1. 분량의 고추장, 고춧가루, 집간장, 조청에 물 1큰술을 넣고 끓여 식힌 다음 식초, 통깨를 넣고 섞어 양념장을 만든다.
2. 감자는 찜기에 쪄 한입 크기로 썬다.
3. 청경채는 잎 사이를 깨끗이 씻어 손질한 뒤 소금을 넣고 데쳐 물기를 꼭 짜둔다.
4. 준비한 감자와 청경채를 미리 만들어놓은 양념 초장으로 버무린 다음, 참기름 1/2작은술을 뿌려 접시에 담아 낸다.

감자 뇨키

뇨키gnocchi는 이탈리아 전통 요리로 주로 감자나 밀가루 반죽을 빚어 만든다. 우리나라 수제비와 유사하며 먹기 좋은 크기로 모양 내 익힌다. 토마토 소스와 특히 궁합이 좋다.

재료

감자(중간 크기) 2개, 밀가루 1/2컵, 소금 약간, 토마토 2개, 토마토 퓌레 2컵, 방아 잎(또는 허브 잎) 약간

만드는 법

1. 감자는 깨끗이 씻어 찜기에 쪄낸다.
2. 토마토는 꼭지를 제거하고 뒤쪽 끝에 십자로 칼집을 내 끓는 물에 살짝 데친다. 찬물에 담가 식힌 다음 껍질을 벗기고 깍둑썰기 해 토마토 수프를 만든다. (토마토수프 만드는 법은 p.110 참조)
3. 익힌 감자를 으깨 분량의 밀가루와 소금을 넣고 치대어 수제비 반죽을 만든다.
4. 냄비에 물을 붓고 끓인 뒤 ③의 반죽을 떼어 넣고, 익으면 건져 찬물에 담근다.
5. ②의 조린 토마토 수프에 분량의 토마토 퓌레를 넣고 섞어 간을 맞춘다.
6. ⑤에 익은 뇨키를 넣고 섞으면서 끓인다.
7. 그릇에 담고 다진 방아 잎(또는 허브 잎)을 솔솔 뿌려 낸다.

무 음식

무는 사계절 내내 밥상 위에 오르는 필수 채소지만 한국인 누구나 잘 알듯 '가을무'가 가장 맛있다. 식이섬유와 비타민 C, 엽산, 미네랄 등 갖은 영양소가 풍부하며 국, 조림, 무침 또는 제철 무를 생으로 먹어도 특유의 시원한 맛을 즐길 수 있다. 무는 땅 위로 나온 초록 잎 부분과 땅 속의 흰 부분으로 나뉘는데, 흰 부분은 매운맛이 강해 주로 익혀 먹고 단맛 나는 초록 잎 부분은 생으로 무쳐 먹는 것이 일반적이다. 단단하고 흠집이 없으며 바람이 들지 않은 것을 골라야 더욱 좋은 맛을 낸다.

무나물

소금, 참기름 간이 배게 하여 물로 익혀 바로 먹는 숙채. 부드럽고 담백하며 소화도 잘돼 기본 밑반찬으로 매일 한 그릇씩 챙겨 먹으면 좋다.

재료 무 300g, 물 3큰술, 참기름 1큰술, 소금 · 깻가루 약간씩

만드는 법

1. 무는 결대로 채 썬다. 결을 따라 썰면 익은 뒤에도 쉽게 부스러지지 않는다.
2. 달군 팬에 채 썬 무를 그대로 넣는다. 물과 소금, 참기름을 넣고 끓이다가 뚜껑을 덮고 15분 정도 무르게 익힌다.
3. 마지막에 깻가루를 넣고 버무린다.

Tip. 무는 썬 채로 오래 두면 겉면의 수분이 마르면서 쓴맛이 생긴다. 따라서 썬 뒤에 바로 조리하는 것이 좋으며, 소금으로 살짝 간을 하는 것도 단맛을 살리는 방법이다.

무간장조림

무 얼큰조림이 고추를 넣어 매콤하고 얼큰하게 조린 반찬이라면, 기본 무조림은 간장과 원당만으로 맛을 내는 달착지근한 밑반찬이다. 속이 꽉 찬 가을무로 만들면 진한 맛과 향, 식감이 배어 나오는 별미 음식.

재료 무 500g, 집간장 2큰술, 사탕수수 원당 1큰술, 올리브유 4큰술, 물 2컵

만드는 법

1. 무는 깨끗이 씻어 껍질을 벗긴 뒤 사방 3~4cm 크기로 큼직하고 두툼하게 썬다.
2. 궁중 팬에 분량의 올리브유를 두르고 불을 켠다.
3. ①을 넣고 뒤적거리면서 볶다가 김이 나면 간장을 붓고 끓인다.
4. ③에 분량의 물을 붓고 뚜껑을 덮는다. 중간 불에서 10분 정도 끓이다가 분량의 원당을 넣는다. 약한 불에서 간장물이 모두 없어지고 무가 푹 익을 때까지 푹 조린다.

Tip. 사탕수수 원당은 사탕수수를 그대로 착즙한 다음, 가열하면서 수분을 증발시키고 제분해 만든 제품이다. 사탕수수 원당은 화학 정제를 거치지 않으므로 자연스러운 단맛을 내며 당도는 낮은 것이 특징이다. 가공하지 않으므로 칼슘, 마그네슘, 비타민, 무기질 등등 다양한 영양소도 잘 보존되어 있다. 설탕을 넣는 각종 요리에 사용하면 좋다.

무얼큰조림

무왁자지라고 불리는 조림 음식은 예부터 절집의 대표 겨울 반찬으로 즐겨 먹었다. 양념물을 둘러 2시간쯤 푹 고듯이 조려 먹는 음식으로, 맛이 알싸하면서도 식감이 부드럽고 풍부한 영양소를 챙길 수 있는 밥도둑이다.

재료

무 200g
팩 두부 1모(300g)
소금 약간
청·홍고추 1개씩
채수 2컵

*조림 양념
채수
고추장·고춧가루·집간장 2큰술씩
조청 1큰술
참기름 1큰술
통깨 1작은술

만드는 법

1. 채수는 기본 만들기를 참고해 끓여 분량만큼 준비한다.
2. 무는 가로 7cm, 세로 5cm, 두께 1.5cm 크기로 납작하게 썬다.
3. 두부도 무와 비슷한 크기로 잘라 소금을 살짝 뿌려 10분 정도 둔 뒤 물기를 제거한다.
4. 채수에서 건진 표고버섯 2개는 어슷 썰어 집간장과 참기름(분량 외)을 넣어 밑간한 뒤 덖는다.
5. 청·홍고추는 반으로 갈라 씨를 제거한 다음 잘게 다진다.
6. ①의 채수에 분량의 고추장, 고춧가루, 집간장, 조청, 참기름, 깨, 청·홍고추 다진 것을 모두 넣고 잘 섞어 조림 양념을 만든다.
7. 냄비에 무와 두부, 표고버섯을 번갈아 올려놓는다. ⑥의 양념장을 골고루 뿌린 다음, 중간 불에서 무가 푹 익을 때까지 끓여 완성한다.

무전

속이 꽉 찬 가을무로 만들면 진한 맛과 향, 식감이 배어 나오는 별미 전.

재료(10개 분량)

무 400g
물 1컵
집간장·들기름 1큰술씩
부침옷(우리밀 밀가루 1컵, 쌀가루 2큰술, 전분 1큰술, 물 1컵, 집간장 1큰술)
부침 기름(들기름·식용유 2큰술씩)

만드는 법

1. 무청 부분을 자른 다발무는 깨끗이 씻어 껍질을 벗기고 1cm 두께로 납작하게 썬다. 냄비에 물 1컵, 들기름과 집간장을 1큰술씩 넣고 무를 차곡차곡 담는다.
2. 무가 익으면 수분이 나오므로 무가 약간 덜 잠길 정도까지 물 양을 맞춰 붓고 뚜껑을 덮는다. 중간 불에서 너무 무르지 않을 정도로 조린다.
3. 분량의 재료를 한데 넣고 잘 섞어 부침옷을 만든다.
4. 무에 부침옷을 입힌 뒤 달군 팬에 부침용 기름을 넉넉히 둘러 노릇하게 부친다. 접시에 담고 초장을 곁들여 낸다.

Tip. 무 삶은 물을 식혀 부침옷 재료의 물로 사용해도 좋다.

오이 음식

오이는 여름철 더위에 달아오른 몸을 시원하게 식혀주고 당뇨와 알코올성 간경화에 특히 좋은 채소다. 4~7월이 제철이므로, 이 시기에 제철 오이로 장아찌를 담그거나 피클을 만들어두면 사계절 내내 상큼한 밑반찬으로 즐겨 먹을 수 있다. 단 오이에 함유된 특정 효소 성분이 다른 식재료의 비타민 C를 파괴하는 특징이 있으므로, 다른 채소나 과일과 함께 갈아 먹기보다는 살짝 볶거나 날것으로 섞어 먹는 것이 좋다. 백오이는 순하고 고소해 생으로 사용하거나 겉절이를 해 먹으면 맛있고, 청오이는 장아찌나 김치를 담그면 고유의 쓴맛이 부드러워지면서 항암 효과도 높아진다.

청오이볶음

청오이는 조직이 단단해 볶음 요리에 사용하기 좋다. 담백하게 볶으면 백오이보다 아삭한 식감이 산 밑반찬이 완성된다.

재료 청오이 2개, 소금 1큰술, 참기름 1큰술, 깻가루 1큰술, 굵은 소금 적당량

만드는 법

1. 청오이는 굵은 소금으로 표면을 문지른 뒤 흐르는 물에 깨끗이 씻는다.
2. 오이를 얇게 썬 뒤 소금 1큰술을 뿌려 7분 정도 가볍게 절인다.
3. 절인 오이의 물기를 짜고, 참기름을 넣어 조물조물 무친다.
4. 달군 팬에 ③의 무친 오이를 넣고 기름을 두르지 않은 채 볶는다.
5. 그릇에 담고 깻가루를 솔솔 뿌려 낸다.

Tip. 청오이는 차가운 성질을 지닌 특성상 예전에는 주로 여름에 즐겨 먹었다. 한편으로 가열해 조리하면 강한 냉성을 줄일 수 있으므로, 한겨울을 제외하고는 계절에 상관없이 이용하기 좋은 식재료다.

노각무침

노각은 이름 그대로 수확하지 않고 한 달 정도 그대로 둔 늙은 오이를 말한다. 무침이나 조림, 볶음 요리에 두루 사용할 수 있으며 수분 함량이 높아 여름철 갈증 해소나 피로 완화에도 도움 되는 반찬이다.

재료 노각 1개, 소금 1큰술, 식초 1큰술, 조청 1큰술, 고춧가루 1작은술, 통깨 1큰술

만드는 법

1. 노각은 깨끗이 씻어 필러로 껍질을 벗긴다.
2. ①을 3~4등분한 뒤 반을 갈라 속의 씨 부분을 수저로 긁어내고, 가로로 얇고 납작하게 썬다.
3. 볼에 ②를 넣고 분량의 소금, 식초를 넣어 조물조물 무친다.
4. 30분 정도 지난 뒤 다시 조청 1큰술을 넣고 무친다.
5. ④에 고춧가루와 통깨를 넣고 무쳐 낸다.

청오이샐러드

두부의 담백한 맛과 토마토의 새콤달콤함이 한데 어우러져 입맛을 돋워주는 든든한 식사 대용 샐러드. 토마토 대신 블루베리나 오디를 넣어도 잘 어울린다.

재료

청오이 1개
두부 1/2모
전분 1/4컵
튀김 기름 적당량
토마토(블루베리 또는 오디 1/2컵
소금 · 후춧가루 약간씩

*간장 소스
집간장 · 들기름 · 매실청
1큰술씩
발사믹 식초 2큰술

만드는 법

1. 청오이는 굵은 소금으로 표면을 박박 문질러 가시와 이물질을 제거한 뒤 물에 깨끗이 씻는다. 양쪽 꼭지를 잘라내고 감자 필러로 얇게 저민다. 2cm 정도로 썰어 돌돌 말아 준비해둔다.
2. 두부는 1.5cm 정도의 주사위 모양으로 썰어 키친타월로 물기를 닦고 소금, 후춧가루를 뿌린다. 전분가루에 굴린 다음 튀김 기름에 2번 튀겨 건져둔다.
3. 토마토(또는 블루베리나 오디)는 씻어 물기를 뺀 뒤 두부와 비슷한 크기로 썬다.
4. 분량의 재료를 한데 넣고 잘 섞어 간장 소스를 만든다.
5. 접시에 오이와 튀긴 두부, 토마토를 골고루 올려 보기 좋게 플레이팅한 다음, 간장 소스를 끼얹거나 따로 곁들여 낸다.

Tip. 토마토 대신 블루베리나 오디 등 상큼한 열매를 곁들여보는 것도 권한다.

오이땅콩탑

오이로 돌돌 감싼 속을 꽉 채운 부드러운 감자 무스와 땅콩 소스의 조화가 상상 이상으로 풍성한 맛을 느끼게 해주는 별미 음식. 한입에 바로 넣을 수 있는 크기로 만드는 것이 포인트로, 탑을 올리듯 입체감을 살려 플레이팅하면 감상하는 즐거움도 커진다.

재료

오이 1개
감자 2개
브로콜리 2꼭지
소금·후춧가루 약간씩

*땅콩 소스
볶은 땅콩 1/2컵
채수 2큰술
조청 2큰술
소금 약간

*산야초 효소
구입한 산야초 효소를 뭉근하게 끓여 만든다.

만드는 법

1. 감자는 깨끗이 씻어 껍질을 벗기고 김 오른 찜기에 찐다. 식힌 뒤 으깨서 소금, 후춧가루로 간한다.
2. 브로콜리는 끓는 물에 소금을 넣고 살짝 데쳐 수분을 제거한 뒤 곱게 다진다.
3. 오이는 굵은 소금으로 문질러 깨끗이 씻은 뒤 감자 필러를 이용해 얇게 저민다.
4. 볶은 땅콩의 껍질을 까고 분량의 채수와 조청, 소금을 넣고 갈아 땅콩 소스를 만든다.
5. 얇게 저민 오이 위에 으깬 감자를 펼쳐 바른다. 여기에 땅콩 소스를 바른 뒤 어슷하게 돌돌 말아 탑 모양으로 만든다.
6. ⑤를 세워 올리고 다진 브로콜리는 찍어 먹을 수 있도록 플레이트 한쪽에 솔솔 뿌려 낸다.
7. 산야초 효소를 곁들여 낸다. 산야초 효소가 없으면 생략해도 된다.

Tip. 산야초 효소는 산야초를 넣은 샐러드나 다양한 양념류에 넣어 먹어도 좋고 산야초 차를 끓여 마셔도 좋다. 칼륨, 칼슘, 유기 미네랄이 효소에 의해 숙성되면서 피부 미용이나 성장호르몬 분비, 소화력 증진, 면역력 강화에 두루 효과를 볼 수 있다. 만약 효소를 직접 만드는 것이 번거롭다면 각종 산야초의 뿌리나 줄기에 누룩과 설탕, 찹쌀밥을 넣어 숙성시킨 약용 식초를 사용해도 무방한데, 약용 식물에 현미식초를 부어 숙성시킨 뒤 잘 걸러내면 간편하게 만들 수 있다.

오이튀김만두

여름에 즐겨 먹는 궁중 만두 규아상을 응용해 바삭하게 튀겨낸 이색 만두. 오이의 아삭한 식감과 향까지 어우러져 고기소가 든 일반 만두와는 전혀 다른 맛을 낸다. 남은 소로 비빔밥을 만들어 먹어도 별미다.

재료(10개 분량)

오이 2개
말린 표고버섯 4개
풋고추 2개
팩 두부 1모
시판용 만두피 10장
식초 3큰술
참기름 · 집간장 적당량씩
소금 · 후춧가루 약간씩
땅콩가루 1작은술
통깨 약간
올리브유 약간
튀김 기름 적당량

만드는 법

1. 오이는 굵은 소금으로 충분히 문질러 깨끗이 씻어 채 썬다. 볼에 담아 소금 2/3큰술, 식초 3큰술을 넣고 버무려 절인다.
2. 절인 오이의 물기를 꼭 짜서 올리브유에 볶는다.
3. 말린 표고버섯은 미지근한 물에 20분 정도 불린 뒤 기둥을 떼어내고 곱게 다진다.
4. 풋고추는 반 갈라 씨를 제거하고 다진 다음, 아삭한 식감이 살도록 살짝 볶는다.
5. 두부는 베보로 싸 으깨면서 물기를 짜낸다. 으깬 두부에 후춧가루, 참기름, 집간장을 넣어 간한다.
6. 볼에 ②~⑤의 모든 재료와 분량의 땅콩가루, 통깨를 한데 넣고 잘 섞어 만두소를 완성한다.
7. 만두피에 만두소를 적당히 떠 올려 만두를 빚는다.
8. 팬에 튀김 기름을 넉넉히 붓고 180℃로 예열한 다음, 만두를 넣고 노릇하게 튀긴다.

오이초밥

단촛물로 새콤하게 양념한 초밥을 오이로 돌돌 만 채소 롤. 복잡한 식재료 없이 간단하게 만들어도 한 번 먹어보면 깔끔하고 고소하며 시원한 맛에 반한다.

재료

쌀 150g
오이 2개
호두 8~10개
굵은 소금 적당량

*단촛물
식초 2큰술
설탕 2큰술
소금 1/2큰술

만드는 법

1. 불린 쌀을 냄비에 넣어 밥을 짓는다. 이때 평소보다 물 양을 조금 적게 잡아 밥을 고슬고슬하게 짓는 것이 중요하다.
2. 냄비에 분량의 식초, 설탕, 소금을 넣고 약한 불에서 끓여 단촛물을 만든 뒤 식혀둔다.
3. 완성한 밥을 부채질하면서 식힌다. 이때 ②의 단촛물을 뿌려가며 주걱으로 잘 섞어준다.
4. 오이는 굵은소금으로 문질러 씻은 뒤 필러로 겉을 돌려가며 길게 저민다.
5. 호두는 달군 팬에 살짝 볶아 반으로 자른다.
6. 초밥 마는 법은 김밥과 같다. 김발 위에 저민 오이를 서로 겹쳐가며 넓은 직사각형으로 놓고 초밥을 골고루 펴 올린다. 초밥 위에 볶은 호두를 일렬로 가지런히 놓고 김밥처럼 돌돌 만다.
7. ⑥의 롤초밥 전체를 랩으로 감싸 오이가 초밥과 잘 밀착되도록 잠시 그대로 둔다.
8. 먹기 좋은 크기로 썰어 그릇에 담아 낸다.

Tip. 현미 멥쌀과 현미 찹쌀을 5:5로 섞어 불려 고슬고슬한 냄비밥을 지어 초밥을 만들면 훨씬 건강한 식사를 즐길 수 있다.

애호박 음식

여름이 제철인 식재료지만 우리 밥상에 오르는 국, 찌개, 탕에 어김없이 들어가는 사계절 채소다. 품종에 따라 차이가 있으나 수분 함량이 88%로 대단히 높은 편이다. 다른 채소들에 비해 식이섬유가 적어 소화 흡수가 편해 특히 위장이 약한 사람들이 먹기 좋다. 애호박은 그 자체로 단맛이 뛰어나며, 수분이 많아 여름철 수분을 보충하는 식재료로도 제격이다. 다른 채소들과 비교해보자면 비타민 B와 C 함유량이 많으며, 풍부한 아연은 성장 발달, 생식 기능, 면역체에도 필수 성분이다. 요즘은 애호박과 함께 둥근 호박도 자주 볼 수 있다. 애호박은 통통하게 살이 오른 것을 구입하는 것이 기본이다. 깨끗이 씻은 다음 적당한 두께로 썰어 바람이 잘 통하는 곳에서 말린 뒤 요리에 사용하면 칼륨 함량이 10배 가까이 많아진다고 한다.

애호박나물

새우젓을 넣어 간을 맞추는 일반적인 방법과 달리 들기름으로 무쳐 담백하고 향긋하게 볶아낸 밑반찬.

재료

애호박 1개
소금 1큰술
들기름 1큰술
깻가루 1작은술

만드는 법

1. 애호박은 깨끗이 씻어 얇게 썬 다음 소금으로 간한다.
2. ①에 들기름을 넣고 조물조물 무친다.
3. 달군 팬에 ②를 넣고 센 불에서 익힌 다음 깻가루를 솔솔 뿌려 섞는다.

Tip. 채소를 볶을 때는 센 불에서 볶다가 불을 줄이는 것이 기본 조리법이다. 애호박은 푹 익혀야만 하는 채소 종류인데, 〈동의보감〉의 내용에 따르면 제대로 익히지 않은 애호박을 잘못 섭취할 경우 풍이 올 수 있다고 언급되어 있다.

애호박마찜

다루기 쉬운 채소인 애호박에 마를 곁들여 이색적이고 고급스럽게 완성하는 일품요리. 손님 초대상에 올려도 손색없는 건강 음식이다.

재료

애호박 1개
마 150g
감자(중간 크기) 2개
표고버섯 1개
3가지 파프리카
(빨강, 노랑, 초록) 1/4개씩
소금 1작은술

*양념
된장 1큰술
조청 · 들기름 1/2큰술씩
청 · 홍고추 1/2개씩

만드는 법

1. 애호박은 깨끗이 씻어 양끝을 평평하게 잘라낸다. 6cm 정도 길이가 되도록 4등분해 자른 뒤 숟가락을 이용해 속을 파낸다.
2. 감자는 깨끗이 씻어 껍질을 벗기고 작게 잘라 찜통에 쪄낸다. 이때 ①에서 파낸 애호박의 속도 함께 넣고 찐다.
3. 표고버섯은 깨끗이 닦아 기둥을 떼어내고 잘게 다진다. 피망도 잘게 다져 볼에 함께 넣고, 소금 1작은술을 넣어 조물조물 무친다.
4. 찐 감자와 한 토막 분량의 호박 속을 함께 넣고 으깨 골고루 버무린다.
5. 마는 깨끗이 씻어 껍질을 벗기고 강판에 간다.
6. ④에 다진 버섯, 피망을 모두 넣고 골고루 버무려 소를 만든다.
7. ①의 호박 속에 ⑥을 채워 넣고, 그 위에 간 마를 숟가락으로 떠서 듬뿍 올린다.
8. 찜기에 베보를 깔고 ⑦을 올린 다음, 뚜껑을 덮고 20분 정도 찐다.
9. 볼에 분량의 들기름, 조청, 된장, 잘게 다진 고추를 한데 넣고 잘 섞어 양념장을 만든다.
10. 애호박마찜이 완성되면 접시에 담고 준비한 양념장을 위에 끼얹어 낸다.

Tip. 찐 감자와 함께 넣고 섞어 소를 만드는 애호박의 속 부분은 자른 한 토막 분량만 사용하는 것이 좋다. 파낸 속을 많이 넣으면 소가 질어지기 때문이다

월과채

한국 전통 궁중요리 중 하나인 월과채는 잡채의 일종으로, '월과'는 조선호박을 뜻하나 가정식으로 즐길 때는 애호박을 대신 사용한다. 일반 잡채처럼 볶아 내기만 해도 맛있지만, 구운 애호박을 얇게 썰어 재료를 돌돌 말면 먹기 편하고 눈도 즐겁다.

재료

애호박 1개
가래떡(떡볶이떡) 1컵
오이 1개
표고버섯 2개
팽이버섯 1봉
3가지 파프리카
(빨강, 노랑, 초록) 1/4개씩
소금 · 후춧가루 약간씩
식용유 · 참기름 적당량씩

*겨자 소스
연겨자 1작은술
간장 · 조청 · 식초 1큰술씩

만드는 법

1. 애호박은 깨끗이 씻어 꼭지를 제거하고, 0.3cm 두께로 길게 슬라이스해 소금, 후춧가루를 살짝 뿌려 간한다. 필러나 채칼을 이용하면 편리하다. 달군 프라이팬에 올려 앞뒤로 살짝 구워 준비한다.
2. 가래떡은 끓는 물에 한 번 삶은 뒤 참기름으로 버무려둔다.
3. 당근은 곱게 채 썰어 소금을 살짝 뿌려 볶는다. 표고버섯, 파프리카는 각각 채 썰어 소금과 참기름으로 밑간한 뒤 팬에 덖는다.
4. 오이는 필러로 가시 부분을 긁어 제거하고 돌려깎기 한다. 5cm 길이로 채 썰어 소금을 뿌리고 10분 정도 절인 뒤, 물기를 제거하고 달군 팬에 살짝 볶는다.
5. 팽이버섯은 밑동을 잘라내고 깨끗이 씻은 뒤 소금을 살짝 뿌려 볶는다.
6. 볼에 분량의 재료를 넣고 잘 섞어 겨자 소스를 만든다.
7. 준비한 표고버섯, 파프리카, 오이를 ⑥의 소스에 넣고 골고루 버무린다.
8. 구운 애호박 슬라이스 위에 가래떡, 겨자 소스에 버무린 채소들을 차례로 올린다.
9. 애호박을 돌돌 말아 반으로 잘라 접시에 보기 좋게 담아 낸다. 찍어 먹을 수 있도록 여분의 겨자 소스를 곁들여 낸다.

애호박편수

편수는 호박이나 오이 등 한 가지 채소를 소로 넣어 만든 만두를 뜻한다. 예부터 여름철에 즐겨 먹던 전통 음식으로 네모지게 빚어 찌거나 물에 삶아 차게 식혀 먹거나, 또는 시원한 장국에 넣고 얼음을 동동 띄워 먹어도 별미다.

재료(12개 분량)

애호박 1개
시판용 만두피 12장
소금·참기름 적당량씩

만드는 법

1. 애호박은 깨끗이 씻어 꼭지를 제거하고 4cm 길이로 토막 낸 다음 얇게 채 썬다. 키친타월 위에 올려 소금을 뿌리고 1분 정도 두었다가 물기가 생기면 꼭 짠다.
2. ①을 볼에 담아 소금, 참기름을 적당히 넣고 조물조물 무친 뒤 달군 팬에서 재빠르게 볶는다.
3. 만두를 빚는다. 만두피 위에 볶은 호박을 적당히 올리고, 피의 네 귀를 모아 중앙의 맞닿은 곳을 꼭 눌러 붙여주면 네모지게 완성된다. 이때 물을 약한 묻히면 잘 붙는다.
4. 찜통의 김이 오르면 빚은 만두를 넣어 10분 정도 찐다. 먹을 때 초장을 곁들여도 좋다.

Tip. 애호박을 얇게 채 써는 과정에서 생긴 중앙의 씨 부분은 그대로 남겨둔다. 껍질이 있는 채 썬 부분을 소로 넣으면 식감이 아삭하지만, 입맛에 따라 씨 부분도 함께 넣어 만들어 먹기도 한다.

콩나물 음식

어디서나 쉽게 구할 수 있고 가격도 저렴해 가장 대중적으로 활용되는 국민 채소. 콩나물 한 봉지면 국, 찌개, 밥과 밑반찬까지, 서너 가지 밥상 요리가 거뜬히 해결된다. 비타민 C와 아스파라긴산이 풍부하게 함유되어 체내에서 알코올을 해독하는 데 도움을 주며, 양질의 섬유소는 소화 기능을 좋게 하고 변비 예방에 효과적이다. 실로 다양한 요리에 사용하는 콩나물은 잘 씻어 콩껍질을 벗겨 밑손질해, 조리 방법에 따라 머리나 꼬리 부분을 제거한다. 떼어낸 콩나물 머리는 버리지 않고 상비 채소들과 섞어 전을 부쳐 먹으면 또 하나의 별미 음식이 된다.

콩나물솥밥

찬 바람 불기 시작하는 계절이면 생각나는, 뜨끈하고 푸짐한 솥밥 한 상. 적당한 솥이 없으면 주물 냄비에 만들어도 상관없으며, 콩나물과 함께 두부, 가지, 표고버섯 등 다양한 채소를 함께 넣어 밥을 지어도 맛있다.

재료

콩나물 250g
불린 쌀 2컵
물 1 1/2컵

*간장 양념장
집간장·조청·참기름 1큰술씩
풋고추 1개

만드는 법

1. 30분 정도 불린 쌀 2컵을 솥에 넣고, 물은 조금 적게 맞춘다.
2. 콩나물은 깨끗이 씻어 콩껍질과 뿌리를 다듬어 ①에 함께 넣고 끓이기 시작한다.
3. 센 불에서 끓이다가 끓어오르면 약한 불로 낮춰 15분 정도 뜸 들이며 밥을 짓는다.
4. 뜸 들일 동안 양념장을 만든다. 풋고추는 깨끗이 씻어 꼭지와 씨를 제거하고 곱게 다진다.
5. ④와 분량의 간장, 조청, 참기름을 한데 넣고 잘 섞어 양념장을 완성한다.
6. 완성된 콩나물밥을 골고루 섞은 뒤 그릇에 옮겨 담고, 곁들인 간장 양념장을 쓱쓱 비벼 먹는다.

5

6-1

6-2

Tip. 콩나물밥은 중간에 뚜껑을 열지 않고, 끓으면 불만 낮춰주면 된다. 이때 솥에서 나는 김을 손으로 잡아 코에 대보면 비린내가 나는지의 여부를 확인할 수 있다.

콩나물짠지

콩나물무침

한국인이 가장 좋아하는 밑반찬에서 빠질 수 없는 것이
영양 만점 콩나물무침이다. 아삭하게 삶은 콩나물에 양념을 조물조물 무치기만
하면 완성된다. 고춧가루를 넣어 맵싸한 맛을 내면 콩나물짠지가 된다.

콩나물짠지

재료

콩나물 1봉지(250g), 물 2컵, 고춧가루 2큰술, 집간장 1큰술, 참기름 2큰술

만드는 법

1. 손질한 콩나물은 깨끗이 헹궈 물기를 뺀다.
2. 냄비에 물 2컵을 붓고, 콩나물과 분량의 고춧가루, 집간장, 참기름을 넣어 뚜껑을 덮고 끓인다.
3. 처음에 센 불에서 끓이다가 냄비에서 김이 나면 불을 줄이고 국물이 줄어들어 보이지 않을 때까지 조린다.

콩나물무침

재료

콩나물 1봉지(250g), 물 1/2컵, 소금·참기름·깻가루 1큰술씩

만드는 법

1. 손질한 콩나물은 깨끗이 두 번 헹궈 물기를 뺀다.
2. 냄비에 물 1/2컵을 붓고 콩나물과 분량의 참기름, 소금을 넣고 뒤적거려 섞어주며 익힌다. 뚜껑을 닫고 10분 정도 끓인다.
3. 김이 오르고 콩나물 익는 냄새가 나면 바로 불을 끄고, 1분 정도 그대로 둔다.
4. 콩나물무침을 접시에 담고 깻가루를 솔솔 뿌려 낸다.

맑은콩나물국

속을 시원하게 풀어주고 원기를 회복시키는 아침저녁 밥상의 기본 국물 요리. 다른 간 없이 고추만 넣어 깔끔한 국물맛을 낸다.

재료

콩나물 250g, 소금 1큰술, 풋고추 1개, 물 4컵

만드는 법

1. 콩껍질을 벗기고 손질한 콩나물은 깨끗이 씻어 물기를 뺀다.
2. 풋고추는 꼭지를 떼고 반 갈라 씨를 제거한 뒤 어슷썰기 한다.
3. 냄비에 콩나물을 넣고 물을 동량으로 부은 다음, 소금 1큰술을 넣고 뚜껑을 닫아 끓인다.
4. 끓기 시작해서 3분 정도 지난 뒤 풋고추를 넣는다.
5. 다시 1분 정도 가열한 다음 불을 끈다. 뚜껑은 바로 열지 않고 1분쯤 지나서 연다.

콩나물찜

들기름으로 익힌 콩나물을 들깻가루로 버무려 찐, 구수하고 맵싸한 맛의 별미 반찬.
콩나물은 콩나물무침 만드는 법을 참고하면 된다.

재료

콩나물 1봉지(250g), 물 2컵, 소금 1큰술, 들기름 1큰술, 고춧가루 1큰술, 들깻가루 2큰술, 쌀가루 1큰술, 청·홍고추 1개씩

만드는 법

1. 손질한 콩나물은 깨끗이 씻어 물기를 뺀다.
2. 냄비에 콩나물과 분량의 물, 소금, 들기름, 고춧가루를 넣고 뚜껑을 닫은 채로 10분 정도 끓인다.
3. 들깻가루와 쌀가루는 물 1/2컵(분량 외)에 개어둔다.
4. 청·홍고추는 각각 꼭지를 떼고 씨를 제거한 뒤 어슷 썬다.
5. 볼에 ②의 익힌 콩나물과 ③, ④의 재료를 함께 넣고 버무린다.
6. 김이 오른 찜기에 ⑤를 넣고, 센 불에서 2분간 쪄 완성한다.

콩나물장떡

장떡은 본래 찹쌀가루에 된장과 고추장을 섞어 반죽한 뒤 기름 두른 번철에 부쳐 먹던 전통 음식으로, 바삭한 전과는 달리 부드러우며 식어서 쫀득할 때가 오히려 제맛이다. 장떡 재료는 김치부터 채소, 밥까지 실로 다양하며 콩나물장떡은 특유의 아삭한 식감이 좋아 인기 높다.

재료

콩나물 1봉지(250g)

*부침 반죽
고추장 2큰술
된장 1큰술
고춧가루 1작은술
물 1/2컵
우리밀 밀가루 1컵
전분 1작은술
들기름·식용유 2큰술씩

만드는 법

1. 손질한 콩나물은 끓는 물에 아삭하게 데친 다음 물기를 빼둔다.
2. 충분히 식힌 콩나물을 굵직하게 썬다.
3. 부침 반죽을 만든다. 우선 분량의 고추장과 된장, 고춧가루에 물 1/2컵을 넣고 잘 섞은 다음, 여기에 밀가루와 전분을 넣고 섞어 걸쭉한 상태로 만든다.
4. ③의 부침 반죽에 콩나물을 넣어 잘 버무린다.
5. 달군 팬에 들기름, 식용유를 섞은 부침 기름을 두른 뒤 반죽을 한 국자씩 떠 올려 전을 지져 낸다.

콩나물잡채

일반적인 잡채는 각각의 재료를 기름에 볶아 준비하기 때문에 완성된 맛 또한 전체적으로 기름지다. 콩나물잡채는 기름을 최소한 사용해 만들어 맛이 담백하며, 당면과 함께 먹는 콩나물의 아삭한 식감 또한 일품이다.

재료

콩나물 1봉지(250g)
당면 150g
표고버섯 5개
사각 유부 5개
풋고추 2개
홍고추 1개
소금·참기름 약간씩

*당면 양념
물 1/2컵
집간장 3큰술
참기름 1큰술

*전체 양념
고춧가루 1큰술
참기름 1큰술
소금 약간

만드는 법

1. 콩나물은 콩껍질과 긴 뿌리를 손질해 깨끗이 씻는다. 냄비에 물 1/2컵, 참기름 1큰술을 넣고 끓이다가 물이 끓으면 콩나물을 넣고 뚜껑을 닫아 찌듯이 익힌다. 아삭할 정도로 익었을 때 건져 볼에 담아 식힌다.
2. 당면은 불리지 않고 바로 끓는 물에 삶는다. 반투명해지면 찬물에 헹궈 채반에 담가 물기를 뺀다.
3. 팬에 분량의 물과 집간장, 참기름을 넣고 끓인다. 끓인 양념에 당면을 넣어 20분 정도 볶는다.
4. 표고버섯은 기둥을 떼어내고 채 썬 다음 참기름과 소금으로 밑간한 뒤 팬에 볶는다.
5. 유부는 끓는 물에 두 번 데쳐 기름기를 제거한다. 건져서 물기를 꼭 짠 뒤 채 썰고, 참기름과 소금으로 밑간해 달군 팬에 볶아 준비한다.
6. 청·홍고추는 각각 꼭지를 떼고 반 갈라 씨를 제거한 뒤 채 썬다.
7. 큼직한 볼에 준비한 콩나물과 당면, 표고버섯, 유부, 고추를 모두 넣는다. 분량의 고춧가루, 참기름을 넣고 버무린 뒤 소금으로 간해 완성한다.

두부 음식

두부는 절집 음식의 가장 대표적인 식재료로, 오랜 세월 단백질이 부족한 절집의 영양을 보충해주었다. 누구나 알고 있듯 두부의 원료는 콩이다. 콩에 함유된 레시틴은 뇌의 수분을 제외하고 30%를 차지하는 물질이며, 우리 몸의 세포막을 구성하고 혈액 속 지방 성분을 이동하기 쉬운 형태로 만들어주는 매우 중요한 요소다. 그러니 콩으로 만든 음식이 두뇌에 좋아 양질의 영양소를 공급하는 것은 당연한 이야기다. 게다가 콩 음식은 특히 겨울철에 좋은데, 체온을 유지시키는 지방과 단백질이 풍부해 신체의 중요한 에너지원이 되기 때문이다.

두부는 불린 콩을 갈아 끓이다가 거른 다음 간수를 쳐서 응고시킨 것이다. 소화력 면에서 볼 때 두부는 95%로 다른 재료에 비해 월등히 높다. 날콩을 볶아 먹을 때는 소화력이 60%인 반면 된장, 청국장 등의 발효 음식은 85% 그리고 두부를 삭힌 두부장은 100%의 소화력을 지닌다. 두부는 특유의 고소한 맛에 그대로 굽거나 부쳐 먹기만 해도 맛있고 조림 반찬에서 각종 찌개와 국, 찜, 탕, 전골 등등 사시사철 밥상 음식에 빠지지 않는 고마운 존재다. 모든 요리에는 시판용 국산콩 팩 두부를 사용했다.

두부구이와 매실장아찌

누구나 쉽게 접하는 기본 두부 요리. 들기름에 구우면 고소한 맛이 배가되어 그대로 먹어도 별미다. 일품요리 스타일로 차릴 때는 구운 두부 위에 양념한 채소 고명을 올리거나, 맛깔스러운 장아찌류를 곁들여 내면 궁합이 좋다.

두부구이

재료 팩 두부 1모, 고운 소금 1작은술, 들기름 1큰술

만드는 법

1. 두부를 5×3cm, 두께 1cm 정도의 직사각형으로 잘라 소금을 솔솔 뿌려둔다.
2. 달군 팬에 들기름을 두르고 두부를 튀기듯이 앞뒤로 노릇하게 구워낸다.
3. 부침 두부는 충분히 식힌 다음 그릇에 담으면 잘 부서지지 않고 모양을 제대로 낼 수 있다.

Tip. 두부는 보통 '국산콩 팩 두부'를 이용한다. 시판용 팩 두부는 한 모에 300g 정도이므로, 재래식 손두부를 이용한다면 이에 맞춰 계량하면 좋을 것이다.

매실장아찌

재료 매실 1kg, 소금 1/2컵, 고추장 300g, 조청 1컵

만드는 법

1. 매실은 씻어 물기를 뺀 다음 소금을 뿌려 절인다.
2. 절인 매실을 물에 헹군 다음, 물기를 빼고 그늘에서 하루 정도 말린다.
3. 볼에 고추장과 조청을 섞은 뒤 매실을 넣고 버무려 용기에 담고, 공기가 통하지 않게 밀봉한다.
4. 6개월이 지나면 먹을 수 있다.

Tip. 봄에 피는 매화 안에 숨어 있던 씨앗이 성숙하면 매실이 된다. 매실은 보통 제철에 장아찌나 청을 담가 먹는다. 특히 소금에 절여 만든 장아찌에 조청, 집간장을 약간씩 넣어 다지면 비빔밥, 또는 단맛이 필요한 음식에 두루 요긴하게 활용할 수 있으며 상큼한 맛이 입맛을 돋운다.
매실은 알칼리성 식품으로 소화가 안 되어 더부룩할 때, 배탈이 났을 때 그리고 피로 해소에도 효과가 좋다.

두붓국

다시마와 표고버섯으로 감칠맛을 낸 맑은 두붓국. 별다른 양념 없이 고수 향으로 깔끔하고 개성적인 풍미를 완성한다.

재료(2인분) 팩 두부 1모, 표고버섯 1개, 고수 10g, 소금 1작은술 *다시마 국물 물 4컵, 다시마 30g

만드는 법

1. 냄비에 물 4컵을 넣고 다시마를 넣어 불린다. 다시마 물을 그대로 끓이다가 10분 정도 지나면 다시마는 건져낸다.
2. 표고버섯은 씻어 기둥을 떼어내고 굵게 채 썬다.
3. 두부는 사방 2cm 정도 크기로 깍뚝썰기 한다.
4. 고수는 뿌리와 잎을 다듬어 물에 씻은 뒤 물기를 제거하고 굵게 썬다.
5. 다시마 국물에 두부와 표고버섯을 넣고 끓이다가 고수를 넣고 한소끔 더 끓인 뒤, 소금으로 간 해 완성한다.

두부채소선

콩 단백질과 채소 몇 가지의 심플한 조합으로 깔끔하게 만든 두부선. 넣는 채소를 바꿔가면서 한 끼 식사로 먹으면 매일 다른 맛의 다이어트식으로도 그만이다.

재료 팩 두부 1모, 통단무지 30g, 애호박 30g, 표고버섯 2개, 소금 1큰술

만드는 법

1. 팩 두부는 깨끗이 씻어 6~8등분한다. 3cm 정도의 두꺼운 폭에 일정한 간격으로 3개의 칼집을 낸 다음 소금을 뿌려둔다.
2. 통단무지는 0.2~0.3cm 두께로 얇게 저며 썬다.
3. 애호박은 모양을 그대로 살려 단무지와 비슷한 두께로 얇게 썬 다음 달군 팬에 살짝 구워 익힌다.
4. 표고버섯은 기둥을 떼어내고 결대로 얇게 저며 달군 팬에 살짝 굽는다.
5. 두부에 낸 칼집에 ②~④의 재료를 한 장씩 순서대로 끼워 넣는다.
6. 김이 오른 찜기에 넣고 10분간 쪄낸다.

백미두부선

두부선豆腐膳은 예부터 두부로 만든 찜 요리를 뜻한다. 구운 두부 사이에 밥과 채소를 가득 채운 음식으로, 영양 밸런스가 잘 갖춰져 한 끼 식사로 차려 내기에도 손색없다. 흰 쌀밥 대신 현미, 율무, 수수 등 잡곡밥을 지어 채우면 훨씬 건강하게 즐길 수 있다.

재료(8개 분량)

팩 두부 2모
쌀밥 1공기
부침 기름
(식용유·들기름 2큰술씩)
소금 적당량

*양념장
고수 40g
풋고추 1개
집간장·조청·식초 2큰술씩

만드는 법

1. 백미로 지은 밥 1공기를 준비한다.
2. 팩 두부는 두꺼운 삼각형 모양으로 잘라 소금을 살짝 뿌려둔다. 10분 정도 지나 물기를 제거한 다음, 달군 팬에 분량의 부침 기름을 둘러 노릇해질 때까지 바싹 굽는다.
3. ②의 두부를 식힌 다음, 삼각형 모양의 긴 면 쪽 중앙에 양끝이 떨어지지 않도록 칼집을 깊게 넣는다.
4. ③에 준비한 밥을 채워 넣는다.
5. 고수는 뿌리와 잎을 다듬어 깨끗이 씻어 다지고, 풋고추도 꼭지와 씨를 제거한 뒤 깨끗이 씻어 잘게 다진다.
6. 분량의 집간장과 조청을 섞어 중탕으로 끓인다. 조금 식힌 뒤 다시 식초 2큰술을 넣는다.
7. ⑥에 다진 고수와 풋고추를 넣어 양념장을 만든다.
8. 접시에 백미 두부를 보기 좋게 세워 담고, 양쪽으로 양념장을 끼얹어 낸다. 양념장은 따로 곁들여도 상관없다.

매운두부조림

두부와 각종 채소 재료를 매콤한 양념에 볶아 먹는 별미 반찬. 매운맛을 내는 제핏가루는 탈모 예방, 눈 건강에 좋은 천연 맛가루다.

재료

팩 두부 1모, 표고버섯 2개, 청·홍고추 2개씩, 당근 30g, 올리브유 적당량, 소금·후춧가루 약간씩 *조림 양념 고춧가루 2큰술, 조청 1큰술, 제핏가루 1작은술

만드는 법

1. 두부는 사방 2cm 크기로 깍둑썰기 한다. 소금을 뿌려 10분 정도 둔 다음 물기를 제거한다.
2. 표고버섯은 깨끗이 닦아 기둥을 떼어내고 다진다.
3. 청·홍고추는 깨끗이 씻어 꼭지와 씨를 제거한 뒤 잘게 다지고, 당근도 곱게 다진다.
4. 분량의 재료를 모두 넣고 잘 섞어 조림 양념을 만든다.
5. 달군 팬에 올리브유를 두르고 두부를 노릇하게 굽는다.
6. 다른 팬에 올리브유를 살짝 두르고 표고버섯, 고추, 당근 다진 것을 볶는다. 여기에 ④의 양념과 두부를 넣고 함께 볶아 완성한다.

두부간장조림

채수가 감칠맛을 살리는 짭조름한 간장 양념 조림. 국물을 만든 표고버섯을 함께 다져 넣어 식감도 좋은 밑반찬이다.

재료

팩 두부 1모, 깻가루 1큰술, 소금 1작은술 *조림 양념 채수(말린 표고버섯 2개, 다시마 30g, 무 50g, 물 3컵) 2컵, 집간장 2큰술, 참기름 2큰술

만드는 법

1. 두부는 납작하게 잘라 소금을 뿌려둔다.
2. 채수는 기본 만들기를 참고해 끓여 분량만큼 준비한다.
3. 채수에서 건져낸 표고버섯 2개는 잘게 다진다.
4. 채수에 참기름과 간장을 넣고 섞어 조림 간장물을 만든다.
5. 냄비에 두부와 깻가루, 다진 표고를 켜켜이 놓고 간장물을 부은 뒤 센 불에서 끓이기 시작한다. 한소끔 끓어 재료가 익으면 약한 불로 낮춰 다시 뭉근히 조려 완성한다.
6. 익으면 그릇에 담아 낸다.

상추 음식

금수암 텃밭에서는 다양한 종류의 상추가 자란다. 상추는 재배가 쉬워 일반 가정에서도 화분에 모종을 심고 물만 잘 주면 잘 자라는데, 그런 만큼 전 세계 사람이 다양한 종류의 상추를 이용한 요리를 즐겨 먹는다. 상추에는 피를 만드는 철분이 함유되어 혈액을 증가시키고 피를 맑게 하는 효능이 있다. 그뿐만이 아니다. 성질이 차 화병을 풀어주고 머리를 맑게 하며 수면 효과가 있어 잠을 푹 자게 해준다. 섬유소와 비타민이 풍부해 동맥경화, 고혈압 예방에 탁월하고 철분과 필수아미노산 또한 풍부해 빈혈을 예방하며 갱년기 이후 여성들의 골다공증 예방에도 효과적이다. 이 정도면 우리 조상들이 예부터 상추를 '천궁채'라 불렀던 데에 충분히 수긍 가는 바다. 한국 요리 하면 뭐니 뭐니 해도 갖은 재료를 싸 먹는 상추쌈밥이 대표적인데, 그 외에도 반찬, 국수, 전, 김치 등등 매우 다양한 음식에 활용된다. 단 찬 성질상 설사가 잦거나 찬 것을 먹으면 배가 아픈 사람은 생것으로 많이 먹지 않도록 주의한다.

상추나물무침

한 번 먹고 남은 상추는 특별히 요리 재료로 쓰이지 않은 채 냉장실 자리만 차지하기 마련이다. 남은 상추를 시금치나물처럼 바로 무쳐 먹으면, 겉절이와는 또 다른 든든한 밀반찬이 된다.

재료

상추 200g

*무침 양념
집간장 1큰술
소금 1작은술
참기름 1큰술
깻가루 1큰술

만드는 법

1. 상추는 흐르는 물에 깨끗이 씻는다.
2. 냄비에 물을 넉넉히 붓고, 끓기 시작하면 상추를 줄기 부분부터 넣어 가볍게 데쳐 건져낸다.
3. ②를 찬물에 재빨리 한 번 헹군 뒤 물기를 가볍게 짠다.
4. 볼에 분량의 재료를 한데 넣고 잘 섞어 무침 양념을 만든다.
5. ④의 양념에 상추를 넣고 조물조물 무친 뒤 그릇에 담아 낸다.

상추불뚝김치

상추대궁전

상추불뚝김치

상추가 대궁을 올리고 꽃대를 올려 꽃이 피려고 하는 시기에 담가 시원하고 구수한 맛을 즐기는 계절 별미 김치. 성질이 차 몸의 열을 내리는 동시에 원기를 불뚝 올린다 하여 불뚝김치라 부른다.

재료

쫑상추 200g
소금 2큰술
밀가루 1큰술
청·홍고추 1개씩
보리죽(보릿가루 2컵, 물 10컵) 1/2컵
고춧가루 1/3컵
생강즙 약간

만드는 법

1. 대궁이 오른 쫑상추를 준비해 깨끗이 씻는다. 대가 너무 단단하면 껍질을 약간만 벗겨 방망이로 살살 두드려서 부드럽게 만든다.
2. 보릿가루에 물 10컵을 넣고 묽게 풀을 쑤어 식힌다.
3. 청·홍고추는 잘 씻어 꼭지와 씨를 제거한 뒤 채 썬다.
4. 식힌 보리죽 풀 1/2컵 분량에 분량의 고춧가루를 엷게 섞고 생강즙을 약간 넣어 버무리면서 소금으로 간 한다. 이때 고춧가루는 베 보자기에 싸 넣고 손으로 조물조물 주물러 물이 나오게 한다.
5. ④의 양념에 상추와 채 썬 고추를 넣고 살살 버무려 저장 용기에 차곡차곡 담고 무거운 것으로 눌러둔다. 실온에서 반나절 동안 익힌 뒤 냉장고에 넣어 보관한다.

Tip. 쫑상추는 잎상추에서 상추가 모두 자라 꽃대가 올라오기 시작할 때쯤, 상추 대 끝에 꽃이 피듯이 달린 것을 말한다. '마지막 상추'라는 의미로 쫑상추라 부르며, 이 대와 잎에 영양소가 응축되어 있다.

상추대궁전

여름 쫑상추를 이용해 바로 만들 수 있는 쫄깃한 식감의 별미 음식. 상추 대에 모인 진액의 성분을 함께 섭취하는 덕에 여름철 숙면을 돕는다.

재료

쫑상추 200g
부침옷(우리밀 밀가루 1/2컵,
전분 1작은술, 물 1/2컵)
부침 기름(들기름·식용유 1큰술씩)

만드는 법

1. 상추는 깨끗이 씻어 물기를 제거하고, 상추 대에 칼집을 넣고 살살 두드려 펼친다.
2. 밀가루와 전분을 섞어 체에 내린 뒤 물 1/2컵을 섞어 부침옷을 만든다. 손질한 상추를 살짝 적신다.
3. 달군 팬에 부침 기름을 두르고 부침옷을 입힌 상추를 노릇하게 부쳐 낸다.

상추물국수

맑은 채수에 간장을 넣고 채소 고명을 얹어 만든 물국수는 언제 먹어도 개운한 맛에 속까지 든든해지는 한 끼 식사다. 쌉싸래한 상추의 맛이 입안을 개운하게 하며, 쓴맛 뒤에 오는 단맛을 느끼면서 먹는 것이 상추국수를 제대로 즐기는 법이다.

재료
(2그릇 분량)

상추 100g, 소면 160g, 집간장 2큰술, 통깨 1큰술 *채수 말린 표고버섯 5개, 다시마 30g, 물 7컵

만드는 법

1. 물 7컵에 말린 표고버섯과 다시마를 넣고 7분간 끓인다. 건더기를 건져내고 채수 국물을 만든다.
2. 상추는 맑은 물에 여러 번 씻는다.
3. 넉넉한 양(6컵 정도)의 끓는 물에 소면을 넣고 살살 젓는다. 도중에 물이 넘치려 하면 찬물을 1/2컵씩 1~2번 부어준다. 면이 익으면 찬물 또는 얼음물에 비비듯이 헹궈 체에 밭쳐 물기를 뺀다.
4. ①의 채수를 끓인다. 끓어오르면 상추를 넣고 한소끔 더 끓인다.
5. 그릇에 소면을 담고 상추와 함께 끓인 채수를 붓는다.
6. 상추 위에 통깨를 뿌려 낸다.

로메인상추샐러드

로메인 상추는 아삭한 식감이 좋아 샐러드나 샌드위치 재료로 활용하면 좋다. 채 썬 양배추와 사과를 유자청 드레싱에 버무리면 상큼한 식전 요리가 된다.

재료

로메인 상추 150g, 양배추 80g, 사과 1/2개 *드레싱 유자청 2큰술, 소금 1작은술, 참기름 2큰술

만드는 법

1. 로메인 상추는 지저분한 잎을 떼어내고 흐르는 물에 깨끗이 씻어 먹기 좋게 손으로 자른다.
2. 양배추는 씻어 물기를 제거한 뒤 곱게 채 썬다.
3. 사과도 껍질을 벗기고 씨를 제거한 뒤 양배추와 비슷한 굵기로 채 썬다.
4. 볼에 유자청과 소금, 참기름을 넣고 잘 섞어 샐러드 드레싱을 만든다.
5. 샐러드 접시에 상추를 깔고 위에 양배추, 사과 채 썬 것을 보기 좋게 얹어 드레싱을 뿌려 낸다.

가지 음식

단백질과 탄수화물, 비타민, 칼슘 등 다양한 영양소가 풍부하게 함유된 가지는 무려 93%가 수분으로 구성된 열매 채소다. 고온성 작물로 우리나라에서는 4~8월이 제철인 대표적 여름 채소다. 여름철 가지에 함유된 폴리페놀 성분과 보라색 색소인 안토시아닌이 발암물질을 억제해 암을 예방하는 효과가 있으며, 장 기능을 강화해 변비 또는 장 질환을 개선해준다. 성질이 찬 채소이므로 꾸준히 섭취하면 몸의 열기를 내리고 염증 치료에도 효과가 있다. 부드러운 식감이 특징으로 동서양을 막론하고 다양한 요리에 이용되는데, 나물과 전, 냉국부터 볶음, 구이, 튀김, 가지선 등등 가지를 이용해 실로 많은 음식을 만들 수 있으며 이들 모두 훌륭한 맛을 지닌 건강 요리다. 특히 과육의 흰 부분이 기름을 잘 흡수해 식물성 기름을 사용해 요리하면 리놀산과 비타민 E를 훨씬 풍부하게 섭취할 수 있다. 즉 지용성 물질을 만나면 콜레스테롤 상승을 억제하는 성분을 만들어내는데, 수많은 채소 음식 중 가지볶음에 특히 기름을 넉넉히 쓰는 중요한 이유이기도 하다.

가지나물

찜기에 찐 가지 특유의 담백한 향을 맛볼 수 있는 밑반찬.

재료 가지 2개, 집간장 1큰술, 깻가루 1큰술

만드는 법

1. 가지는 깨끗이 씻어 꼭지를 떼고 3~4등분해 썬 다음, 다시 길이로 반을 잘라 준비한다.
2. 김이 오른 찜기에 ①의 가지를 올려 7분 정도 쪄낸다. 이때 가지의 껍질 부분이 바닥을 향하도록 놓는다.
3. 그릇에 찐 가지를 올려 식힌 다음 같은 크기로 썬다.
4. 볼에 ③의 가지와 간장, 깻가루를 넣고 조물조물 무친다.

가지튀김

젊은 세대가 선호하는 튀긴 음식은 사실 채식에서는 드물게 볼 수 있다. 그럼에도 기름과 만날 때 몸에 좋은 성분이 생성되는 가지의 특성 덕분에 고소한 튀김 요리를 종종 만들어 먹는다.

재료

가지 2개, 소금 1큰술, 튀김 기름 4컵 *튀김옷 우리밀 밀가루 1컵, 전분 2큰술, 물 적당량

만드는 법

1. 가지는 깨끗이 씻어 꼭지를 떼고 어슷하게 썬다.
2. 분량의 밀가루와 전분, 물을 넣고 섞어 튀김옷을 만든다.
3. 튀김옷에 가지를 넣고 골고루 입힌 뒤 180℃로 예열한 기름에 넣고 튀겨 낸다.
4. 한 번 튀긴 다음 건져내 기름기를 빼고, 다시 한 번 튀겨내 바삭하게 완성한다.

가지볶음

항암물질이 풍부하고 시력 개선에 좋으며 성인병 예방에도 도움 되는 가지는, 올리브유를 만날 때 더욱 건강한 효능과 함께 깊은 풍미를 맛보게 된다.

재료

가지 2개, 소금 1큰술, 집간장 1작은술, 올리브유 2큰술, 풋고추 1개, 깻가루 1큰술

만드는 법

1. 가지는 깨끗이 씻어 꼭지를 떼고 도톰하게 썰어 소금으로 간한다.
2. 달군 팬에 올리브유를 두르고 가지를 넣은 다음 간장을 넣어 볶는다.
3. 풋고추는 깨끗이 씻어 반을 갈라 씨를 제거한 뒤 곱게 다진다.
4. 팬에 ③과 깻가루를 넣고 골고루 버무린 뒤 불을 끈다.

가지새싹말이

가지는 어떤 재료와 매칭해도 조화로운 풍미를 이끌어내는 채소다. 가지 롤 요리는 사실 육류와도 궁합이 좋아 쇠고기는 물론 닭 가슴살을 넣어 다이어트식으로 즐기기도 하는데, 콩으로 만든 콩고기로 대체해 새싹 채소를 듬뿍 넣어 만들면 이보다 더 맛 좋고 몸에 좋은 음식이 없다.

재료

가지 2개
새싹 채소 80g
콩너비아니(양념 콩살) 1개
소금 · 들기름 · 후춧가루 약간씩

*겨자 소스
겨잣가루 1작은술
물 1큰술
배즙 3큰술
식초 2큰술
조청 1큰술
소금 약간

만드는 법

1. 겨잣가루에 미지근한 물 1작은술을 붓고 잘 갠다. 따뜻한 곳에 두고 20분 정도 숙성시킨다.
2. 가지는 깨끗이 씻어 꼭지를 떼고, 필러나 채칼을 이용해 얇고 길게 슬라이스한다.
3. 새싹 채소는 씻어 물기를 빼고, 콩너비아니는 가늘게 채 썰어 팬에 들기름을 가볍게 둘러 볶아준다.
4. 달군 팬에 들기름을 살짝 두르고 ②의 가지 슬라이스를 올려 노릇하게 굽는다. 구울 때 소금, 후춧가루를 뿌려 약하게 간한다.
5. 구운 가지를 한 김 식힌 다음, 준비해둔 콩살과 새싹 채소를 가지런히 올려 한입 크기로 돌돌 만다.
6. ①의 겨자에 나머지 소스 재료들을 넣고 잘 섞어 겨자 소스를 완성한다. 가지새싹말이에 곁들여 낸다.

Tip. 콩너비아니는 포장된 상품으로 '양념된 콩살' 제품이다. 가장 일반적인 콩단백 제품의 경우는 구입한 뒤 불고기 양념을 해 조리하는데, 이렇게 만든 콩단백을 '콩고기, 또는 콩살'이라고 부른다. 이들 모두 온라인상으로 쉽게 구입할 수 있으며 그대로 구워 먹어도 맛있다.

가지콩살찜

칼집 낸 통가지에 콩고기와 갖은 채소 다진 것을 풍성하게 채운 뒤 조림 양념으로 달착한 풍미를 더한 일품요리. 통가지에 속을 채우는 것이 번거롭다면, 가지와 각각의 재료를 먹기 좋은 크기로 썬 뒤 같은 양념으로 조려 밥반찬으로 즐겨도 좋다.

재료

가지(큰 것) 2개
유부 5개
새송이버섯 1개
청·홍고추 1개씩
콩너비아니(양념 콩살) 1개
소금·참기름 약간씩
집간장 1작은술

*양념
채수 1컵
간장 1/2컵
조청 1큰술

만드는 법

1. 가지는 굵은 소금으로 충분히 문질러 깨끗이 씻은 뒤, 꼭지를 떼고 6~7cm 길이로 토막 낸다.
2. ①의 양쪽 끝부분은 그대로 둔 채 옆쪽에 십자로 깊게 칼집을 넣는다. 소금을 살짝 뿌려 10분 정도 절여 둔다.
3. 유부는 팔팔 끓는 물에 넣고 두 번 데쳐 기름기를 뺀다. 찬물에 헹군 뒤 물기를 제거하고 다진다.
4. 새송이버섯은 깨끗이 씻어 잘게 다지고, 청·홍고추도 꼭지와 씨를 제거하고 다진다.
5. 콩너비아니는 잘게 다진다.
6. 준비한 유부와 새송이버섯, 청·홍고추, 콩너비아니를 한데 넣고 버무려 속재료를 만든다. 이때 집간장 1작은술과 참기름을 약간 넣어 양념한다.
7. 절인 가지의 물기를 꼭 짠 다음 칼집 낸 사이로 ⑥의 속재료를 충분히 채워 넣는다.
8. 냄비에 채수 1컵과 간장 1/2컵, 조청 1큰술을 넣고 끓여 양념을 만든다. 양념이 끓으면 속을 채운 가지를 넣고, 스푼으로 양념을 끼얹으며 잘 배도록 여러 번 굴리면서 조려 완성한다.

Tip. 조릴 때는 가지를 돌려가며 간장을 숟가락으로 끼얹으면서 골고루 입히는 것이 중요하다.

가지콩단백구이

콩단백에 가지를 더해 양념 불고기 맛을 낸 음식이다.
밥에 푸짐히 올려 먹으면 별미 덮밥으로 즐길 수 있다.

재료

가지 1개
콩단백 30g
아스파라거스 2대

*재움 양념
채수 4컵
배 1/4개
참기름 1큰술
집간장 1큰술
후춧가루 약간

만드는 법

1. 콩단백은 끓는 물에 삶아 부드러워지면 건져 체에 밭쳐 물기를 빼둔다.
2. 배는 강판에 갈아 즙을 낸다.
3. 볼에 콩단백과 분량의 채수, 배즙, 참기름, 집간장, 후춧가루를 넣고 양념을 해 재워둔다.
4. 가지는 4~5cm 길이로 큼직하게 썰고, 아스파라거스도 비슷한 크기로 썬다.
5. 달군 팬에 ③의 재운 콩단백을 양념까지 넣은 다음, 가지와 아스파라거스를 함께 넣고 익혀 그릇에 담아 낸다.

토마토 음식

토마토는 채소로 분류되지만 채소와 과일 두 가지 특성을 모두 갖추었으며, 비타민과 무기질 공급원으로 뛰어난 슈퍼푸드다. 비타민 A·B1·B2·C와 구연산, 사과산, 아미노산, 루틴, 단백질, 당질, 칼슘, 철, 인, 식이섬유 등 각종 영양소가 풍부하며, 토마토 1개에는 비타민 C 하루 섭취 권장량의 절반가량이 함유되어 있다. 토마토에는 특히 라이코펜, 베타카로틴 등의 항산화 물질이 많은데 토마토의 붉은색은 라이코펜이 주성분이다. 라이코펜은 노화의 원인이 되는 활성산소를 배출해 세포의 젊음을 유지하고 각종 암 예방 효과를 지닌다. 또 알코올 분해 시 생기는 독성물질을 배출해 술을 마시기 전이나 술안주로, 숙취 음료로도 탁월하다. 토마토에 풍부하게 함유된 비타민 K는 칼슘이 빠져나가는 것을 막아 골다공증 예방에 좋고, 노인성 치매도 예방한다. 칼륨은 체내 염분을 배출해 고혈압 예방을 돕는다. 토마토는 건강뿐만 아니라 미용을 위해서도 꾸준히 챙겨 먹어야 할 채소다. 칼로리가 매우 낮은데다 수분과 식이섬유가 풍부해 포만감을 주므로 다이어트식의 필수 재료가 되며, 소화를 돕고 신진대사를 촉진한다. 대표 성분인 비타민 C는 피부에 탄력을 주고 잔주름을 예방하며, 멜라닌 색소를 억제해 기미 예방에도 효과적이다.
토마토는 생것 그대로 먹어도 맛있지만 익혀 먹으면 특유의 감칠맛은 물론 좋은 영양소가 더욱 잘 흡수되는 것이 특징이다. 특히 빨간 토마토에 풍부한 라이코펜의 경우 열을 가하면 토마토 세포벽 밖으로 빠져나와 우리 몸에 훨씬 잘 흡수된다. 따라서 끓이거나 으깨 조리하는 다양한 요리법을 활용해 매일 색다르게 즐겨보기를 권한다. 토마토를 올리브유, 우유 등과 함께 먹으면 영양소의 체내 흡수력을 높여주기도 한다.

토마토수프

토마토를 생으로 먹을 때에는 껍질째 조리하지만, 소스나 수프 등 졸여 만드는 요리의 대부분은 껍질을 벗긴다. 부드러운 식감을 잘 살릴 수 있고, 영양 성분인 라이코펜의 흡수율도 높일 수 있다. 토마토 소스에 든 라이코펜의 체내 흡수율은 생토마토의 5배나 된다.

재료 완숙 토마토 4개(800g), 버터 1조각(1작은술), 소금 1작은술, 식빵 1/2개 분량

만드는 법

1. 깨끗이 씻은 토마토는 꼭지를 제거하고 반대편에 십자로 칼집을 낸 뒤 끓는 물에 넣어 데친다. 칼집 부분의 껍질이 약간 벌어지면 꺼내 찬물에 식힌 뒤 껍질을 벗긴다.
2. 껍질 벗긴 토마토는 반으로 잘라 씨를 제거하고 다진다.
3. 냄비에 버터를 두르고 ②의 토마토와 소금을 넣어 걸쭉한 상태가 되도록 조린다.
4. 준비한 식빵의 속을 도려내고 토마토 소스를 부은 다음 빵을 뜯어 찍어 먹는다.

Tip. 통식빵이 있으면 레시피대로 준비하고, 없는 경우에는 크루통이나 바게트를 바삭하게 구워 곁들여 먹어도 맛있다. 파스타, 피자 소스 등 다양한 요리에 두루 활용한다.

토마토조림

토마토를 올리브유과 함께 가열하면 영양 성분 흡수율이 높아진다. 풋고추를 함께 넣고 개운한 맛을 살린 것이 특징이다.

재료 완숙 토마토 3개, 풋고추 1개, 올리브유 1큰술, 소금·후춧가루 1작은술씩

만드는 법

1. 깨끗이 씻은 토마토는 꼭지를 제거하고 껍질째 한입 크기로 듬성듬성 썬다.
2. 풋고추는 반을 갈라 씨를 제거하고 송송 썬다.
3. 달군 팬에 올리브유를 두르고 토마토를 넣어 볶다가 풋고추를 함께 넣고 소금, 후춧가루로 간한다.

토마토스파게티

다진 고기와 토마토로 맛을 내는 일반 볼로네세 소스의 고기 대신 버섯을 넣어 식감을 살린 것이 특징이다.

재료(2인분)

완숙 토마토 4개
스파게티 면 150g
들기름 2큰술
표고버섯 1개
만가닥버섯 30g
소금 적당량

만드는 법

1. 깨끗이 씻은 토마토는 꼭지를 제거하고 반대편에 십자로 칼집을 낸 뒤 끓는 물에 넣어 데친다. 칼집 부분의 껍질이 약간 벌어지면 꺼내 찬물에 식힌 뒤 껍질을 벗긴다.
2. 토마토를 잘게 다져 소스 팬이나 냄비에 넣고 걸쭉한 상태가 되도록 조린다.
3. 표고버섯은 기둥을 떼어내고 굵게 다진다.
4. 만가닥버섯은 물에 가볍게 헹군 뒤 밑동의 지저분한 부분을 잘라내고 손으로 찢는다.
5. 큰 냄비에 물을 넉넉히 붓고 끓인다. 소금 1작은술을 넣은 뒤 스파게티 면을 넣고 8분 정도 삶아 건진다.
6. 달군 팬에 들기름을 두르고 ②의 토마토 소스와 버섯, 소금 1작은술을 함께 넣고 끓이다가 김이 오르면 스파게티 면을 넣고 잘 버무려 그릇에 담아 낸다.

토마토찜

단맛과 감칠맛을 내는 구운 토마토와 찐 고구마무스의 맛이 조화로운, 손님 초대 자리에 제격인 일품 음식. 분량대로 만들면 3~4인이 즐길 수 있다.

재료 완숙 토마토 5개, 고구마 3개, 버터 1조각, 소금 1작은술, 모차렐라 치즈 1컵

만드는 법

1. 토마토는 깨끗이 씻어 꼭지를 떼고 속을 파낸다.
2. 고구마는 껍질째 깨끗이 씻어 김이 오른 찜기에 넣고 20분 정도 찐다.
3. 익힌 고구마를 식혀 껍질을 벗기고 으깬 다음 버터와 소금으로 간한다.
4. 토마토의 파낸 부분에 고구마무스를 채워 넣는다. 모차렐라 치즈를 올린 뒤 180℃로 예열한 오븐에 넣어 15분간 구워낸다.

Tip. 고구마를 물에 삶으면 익는 도중 수분이 들어가 물컹해지기 때문에 삶지 않고 쪄서 익히는 것이 좋다.

토마토두부카나페

두부와 토마토, 버섯은 함께 모이는 것만으로 뛰어난 맛의 조화를 이루는 채소다. 발사믹 식초가 없다면, 신선한 허브 종류를 곁들여도 좋다.

재료 완숙 토마토 2개, 팩 두부 1모, 양송이버섯 5개, 발사믹 식초 2큰술, 소금 1작은술

만드는 법

1. 두부는 1cm 두께로 자른 뒤 끓는 소금물에 데쳐 물기를 빼둔다.
2. 양송이버섯은 손질해 밑동을 떼어내고 가로로 납작하게 썬 다음 달군 팬에 살짝 구워 익힌다.
3. 토마토는 반달 모양과, 다시 반으로 자른 부채꼴 모양 2가지로 자른다.
4. 그릇에 두부와 반달 모양 토마토, 구운 양송이버섯, 부채꼴 모양 토마토를 순서대로 얹는다.
5. 발사믹 식초를 뿌려 낸다.

버섯 음식

가을은 버섯의 계절이라 한다. 요즘에야 마트, 시장 어디서나 종류별 버섯을 쉽게 구할 수 있지만, 20여 년 전만 해도 제철에만 맛볼 수 있는 귀한 재료였다. 보통 맛을 논할 때 첫째로 능이버섯, 둘째로 표고버섯 그리고 셋째로 송이버섯을 꼽는 이가 많은데, 내 경우에는 여기에 석이버섯을 넣어 '특석'이라 부른다. 9월 무렵부터 한 달쯤 채집이 가능한 능이버섯은 인공 재배가 되지 않아 희귀성이 높다. 일품요리는 물론이고 차로 마셔도 특유의 깊은 향을 즐길 수 있다. '버섯의 왕자'라고도 불리는 송이버섯은 단백질과 비타민 B2·D가 풍부하며 송이 특유의 향과 맛을 내는 '구아닐산'이라는 성분이 함유되어 있다. 고혈압, 심장병 예방에 좋고 위와 장 기능을 도우며 허리와 무릎이 시릴 때, 손발저림이 있을 때에도 기력 보강을 돕는다. 송이는 향을 그대로 느끼기 위해 생으로 먹기도 하고 살짝 굽거나 송이버섯밥, 죽, 전 등의 요리에 두루 활용한다. 이번 책에 소개한 음식에 가장 많이 사용한 대표 식재료인 표고버섯은, 양질의 섬유질과 함께 비타민 D가 풍부해 뼈에 칼슘을 공급해주어 뼈가 약한 사람이나 아이의 건강한 성장에도 도움이 된다. 평소에 표고버섯으로 만든 음식을 자주 먹거나 차를 끓여 마시면 골다공증을 예방하고 피부 미용에도 좋다. 이번 책에 소개한 석이버섯 음식은 손바닥 정도로 큰 것을 사용했다. 이는 수십 년에서 100년 정도 자란 것으로 시중의 마트에서 구하기는 어렵다. 큰 석이버섯이 필요하다면 경동시장 내 버섯상을 찾거나, 산지 약초 판매상을 통해 구입할 수 있다.

버섯은 불교의 무아와 공을 가장 먼저 터득한 식재료일지 모른다. 제 본체는 없이 숙주에 기생하며 종균을 퍼뜨려 번식, 성장하는 존재이기 때문이다. 인간 역시 자신의 주체는 없이 부모라는 숙주에 기대어 몸을 키우고, 하나의 완성된 포자로 살다가 생을 마감하는 것이 버섯과 다를 바 없다는 생각이 든다.

표고버섯조림

한입 크기의 표고버섯을 통째로 넣어 간장과 조청 양념으로 달착지근하게 조린 밑반찬. 쫄깃하고 탱탱한 식감이 일품이다.

재료

표고버섯(작은 것) 10개 *조림장 집간장 2큰술, 간장 1큰술, 조청 2큰술, 쌀가루 1큰술, 물 1컵

만드는 법

1. 표고버섯은 먼지를 닦아낸 뒤 기둥을 떼어낸다.
2. 조림장 재료를 잘 섞어 냄비에 넣고 끓인다. 조림장이 끓기 시작하면 손질한 표고버섯을 넣고 조린다.
3. 국물이 걸쭉한 정도로 자작하게 졸아들면 그릇에 담아 낸다.

팽이버섯볶음

별다른 반찬이 없을 때 가장 손쉽고 빠르게 만들 수 있는 음식. 버섯에서 물이 생기기 쉬우므로, 오래 보관하기보다는 그날 먹을 양만 만들어 소진하는 것이 좋다.

재료 팽이버섯 1봉지, 당근 30g, 소금 1작은술, 올리브유 1작은술

만드는 법

1. 팽이버섯은 밑동을 잘라내어 손에 들고 흐르는 물에 빠르게 씻는다.
2. 당근은 씻어 가늘게 채 썬다.
3. 달군 팬에 올리브유를 두르고 당근과 소금을 넣고 볶다가 팽이버섯을 함께 넣고 센 불에서 볶는다. 이때 익힌 버섯에서 물이 나오지 않도록 빠르게 조리한다.

양송이버섯찜

속을 채운 두부가 포만감을 주어 다이어트 음식, 도시락으로도 인기 높은 메뉴.
청·홍고추로 예쁜 색감을 살렸으며, 떼어낸 버섯 기둥을 함께 다져 넣어도 상관없다.

재료

양송이버섯 6개, 팩 두부 1/2모(150g), 청·홍고추 1개씩, 표고버섯 1개, 집간장 1큰술, 참기름 1큰술, 발사믹 식초 1큰술, 소금 약간

만드는 법

1. 양송이는 손으로 기둥을 떼어내고 흐르는 물에 재빨리 씻는다.
2. 두부는 키친타월로 물기를 제거한 뒤 으깨 소금과 참기름으로 무친다.
3. 청·홍고추는 깨끗이 씻어 씨를 제거하고 곱게 다진다.
4. 표고버섯은 먼지를 닦아 기둥 부분을 떼어내고 곱게 다진다.
5. 볼에 ②~④의 재료를 모두 넣고 잘 버무려 두부소를 만든다.
6. ⑤의 소를 양송이 밑동 부분에 꼭꼭 채워 넣는다.
7. 김 오른 찜기에 ⑥을 넣고 5분간 찐다. 접시에 담아 발사믹 식초를 가볍게 뿌리거나 곁들여 낸다.

느타리버섯전

느타리버섯과 새송이버섯, 팽이버섯 등은 전이나 구이, 찜 요리에 손쉽게 활용할 수 있는 대표 종류다. 특히 느타리는 쫄깃한 식감이 전을 부쳐 먹기에 안성맞춤인데, 부침옷에 치자 물을 조금 넣어 색을 입히면 보는 즐거움도 더할 수 있다.

재료

느타리버섯 200g, 들기름 · 식용유 1큰술씩(부침 기름), 소금 약간 *부침옷 밀가루 · 물 1/2컵씩, 전분 · 찹쌀가루 1큰술씩, 집간장 1큰술

만드는 법

1. 느타리버섯은 흐르는 물에 가볍게 씻어 4~5cm 길이로 찢는다.
2. 찢은 버섯을 2~3개씩 이쑤시개에 끼워 평평하게 만든다.
3. 볼에 밀가루, 전분, 찹쌀가루, 집간장, 물을 분량대로 넣고 잘 섞어 부침옷을 만든다.
4. 달군 팬에 부침 기름(식용유, 들기름)를 두르고, 준비한 버섯 꼬치에 부침옷을 묻혀 앞뒤로 노릇하게 부친다.
5. 완성한 전을 접시에 가지런히 담고 이쑤시개는 빼낸다.

버섯칠보채

일곱 가지 버섯과 일곱 가지 채소를 곁들인 음식으로, 버섯을 튀기지 않고 볶아내어 맛과 향이 부드럽게 조화를 이룬다.

재료

표고버섯 1개
팽이버섯 1/3봉지
느타리버섯 30g
양송이버섯 2개
새송이버섯 30g
목이버섯 10g
석이버섯 5g
당근 30g
청경채 1개
3가지 파프리카
(빨강, 노랑, 초록) 1/4개씩
맛국물(채수 1/2컵, 집간장 1/2큰술)
전분 1작은술
소금 약간
참기름 약간
통깨 1/2작은술

만드는 법

1. 표고버섯, 팽이버섯, 느타리버섯, 양송이버섯, 새송이버섯은 각각 흐르는 물에 재빨리 씻는다. 표고·양송이버섯은 모양을 살려 썰고 나머지 버섯은 적당한 크기로 찢어 준비한다.
2. 목이버섯은 따뜻한 물에 불리고, 석이버섯은 끓는 물에 살짝 데쳐 불순물을 제거한다.
3. 당근은 1~2mm 두께로 얇게 슬라이스한다.
4. 청경채는 깨끗이 씻어 잎을 한 장씩 떼낸다.
5. 3가지 색의 파프리카는 깨끗이 씻어 당근 크기로 썬다.
6. 기름 두르지 않은 팬을 달군 뒤 준비한 모든 버섯을 넣고 구워 익힌다.
7. 궁중 팬에 당근을 넣고 맛국물 1/4컵을 부어 센 불에서 2분 정도 볶다가 ⑥의 구운 버섯을 넣고 다시 1분 정도 볶는다.
8. 남은 맛국물을 마저 부어가며 간을 맞춘 다음, 전분 1작은술을 갠 전분물을 붓고 저어 걸쭉하게 농도를 맞춘다. 싱거우면 소금을 조금 넣어준다.
9. 마지막으로 참기름과 통깨를 두른 뒤 접시에 담아 낸다.

버섯강정

사찰 행사 때에도 상에 자주 오르는 대표 버섯 요리가 버섯탕수와 버섯강정이다. 모두 바삭하게 튀긴 버섯에 특제 소스의 맛을 더한 음식으로, 다양한 버섯 종류를 이용한 버섯강정은 고추장 소스로 버무려 기분 좋게 맵싸한 맛을 즐길 수 있다.

재료

표고버섯 5개
새송이버섯 1개
양송이버섯 5개
청·홍고추 1/2개씩
식용유 3컵
전분 약간
견과류(호박씨, 해바라기씨 10g씩)

*튀김 반죽
우리밀 밀가루 1컵
전분 2큰술
소금 약간
물 적당량

*고추장 소스
고추장 2큰술
간장 2큰술
조청 1큰술
매실청 1큰술

만드는 법

1. 모든 버섯은 생으로 준비해 흐르는 물에 가볍게 한 번 헹군 다음, 소쿠리에 담아 물기를 빼둔다.
2. 볼에 분량의 밀가루와 전분가루, 물, 소금 약간을 한데 넣어 튀김 반죽을 되직하게 만든다.
3. 청·홍고추는 깨끗이 씻어 씨를 제거한 뒤 잘게 다진다.
4. 견과류는 굵게 다져둔다. 견과류가 없으면 생략해도 된다.
5. 손질한 버섯을 전분가루에 살짝 굴린 다음 ②의 반죽을 입혀 두 번 튀겨낸다.
6. 냄비에 분량의 고추장 소스 재료를 모두 넣고 센 불에서 가열한다. 끓기 시작하면 튀긴 버섯과 청·홍고추를 넣고 뒤적이면서 소스에 버무린다.
7. 완성된 버섯강정을 접시에 담고, 마지막에 견과류를 솔솔 뿌려 낸다.

능이버섯국수

능이버섯은 인공 재배가 되지 않는 데다 풍미와 식감이 독특해 귀하고 가치 높은 재료로 꼽힌다. 향 또한 특이해 '향버섯'이라고도 불리는데 이 향이 좋아 평소 차에 두고 다닐 정도다. 능이를 듬뿍 넣어 끓인 국수는 귀한 손님 초대상에 잘 어울리는 식사 메뉴다.

재료(1인분)

말린 능이버섯 1개
다시마 3장
물 5컵
집간장 1큰술
소면 80g
밤 3개

만드는 법

1. 말린 능이버섯은 칫솔로 문질러 사이사이에 낀 불순물을 제거한 다음 미지근한 물에 불린다.
2. 냄비에 물 5컵을 붓고 능이버섯과 다시마를 넣어 7분 정도 끓여 채수를 만든다.
3. 다시마를 건져내고 능이버섯은 건져 잘게 썬다.
4. ②에 집간장 1큰술을 넣고 다시 한소끔 끓여 국물을 완성한다.
5. 삶은 밤은 도톰한 굵기로 썬다.
6. 준비한 능이버섯을 ④의 국수 국물에 넣고 끓인다.
7. 별도의 냄비에 물을 붓고 끓으면 소면을 넣어 3~4분간 삶는다. 끓어넘치려 하면 찬물을 1컵씩 두 번 부어준다.
8. 삶은 국수를 찬물에 헹궈 물기를 제거하고 그릇에 담는다. 국수 위에 밤을 올리고, 뜨겁게 끓인 국수 국물을 부어 완성한다.

Tip. 버섯 중 으뜸으로 꼽히는 능이버섯은 공기 좋은 산중에서 3년에 한 번 정도만 채취 가능할 정도로 귀하다. 단 독성을 지녀 생으로 먹기보다 건조한 것을 먹는데, 건조하면 그 향이 더욱 강해지는 것이 특징이다. 고기처럼 씹는 질감이 좋고, 콜레스테롤 감소 효과도 지녔다.

능이버섯두부선

능이버섯은 다른 버섯 종류와 비교할 때 말리면
그 향이 훨씬 풍부해지는 것이 특징이다.

재료

말린 능이버섯 30g
두부 1모
참기름 1큰술
집간장 1작은술
소금 1작은술

만드는 법

1. 말린 능이버섯은 흐르는 물에 씻은 다음 냄비에 물을 붓고 5분 정도 삶는다. 식을 때까지 불린 다음 건져 물기를 빼둔다.
2. 두부는 같은 크기로 자른 뒤 윗면에 칼집을 넣고 소금을 뿌려 굽는다.
3. 삶은 능이버섯은 길게 채 썬다.
4. 채 썬 능이버섯은 참기름을 넣고 무친 뒤 달군 팬에 기름을 두르지 않고 볶는다.
5. 두부가 식으면 칼집 사이에 능이버섯을 넣고 접시에 담아 낸다.

Tip. 말린 능이버섯을 사용할 때는 데칠 때 주의해야 할 점이 있다. 끓는 물에 삶은 뒤 바로 건져 사용하면 버섯의 줄기 부분이 질긴 상태로 남게 되어 식감이 좋지 않다.

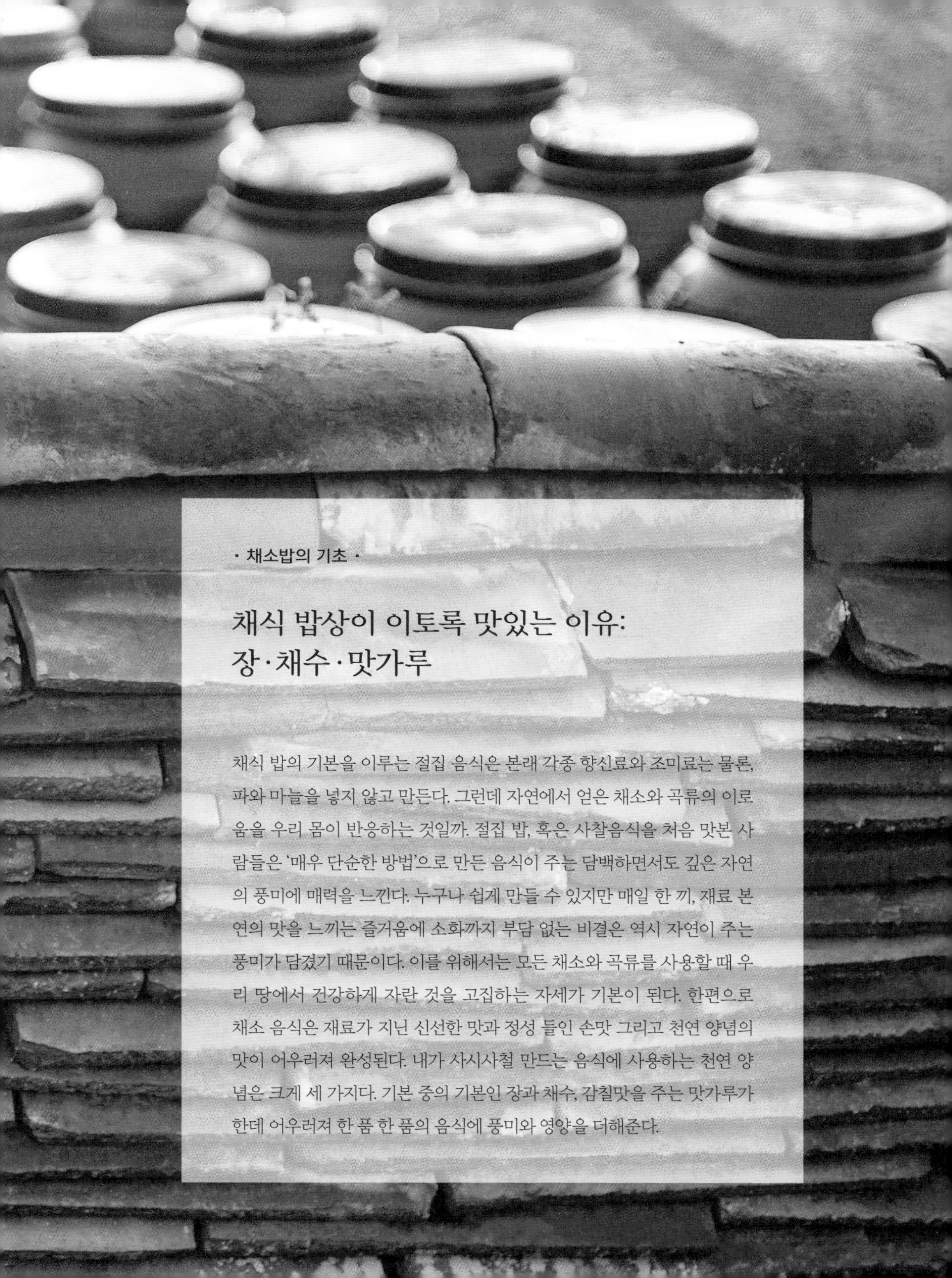

· 채소밥의 기초 ·

채식 밥상이 이토록 맛있는 이유: 장·채수·맛가루

채식 밥의 기본을 이루는 절집 음식은 본래 각종 향신료와 조미료는 물론, 파와 마늘을 넣지 않고 만든다. 그런데 자연에서 얻은 채소와 곡류의 이로움을 우리 몸이 반응하는 것일까. 절집 밥, 혹은 사찰음식을 처음 맛본 사람들은 '매우 단순한 방법'으로 만든 음식이 주는 담백하면서도 깊은 자연의 풍미에 매력을 느낀다. 누구나 쉽게 만들 수 있지만 매일 한 끼, 재료 본연의 맛을 느끼는 즐거움에 소화까지 부담 없는 비결은 역시 자연이 주는 풍미가 담겼기 때문이다. 이를 위해서는 모든 채소와 곡류를 사용할 때 우리 땅에서 건강하게 자란 것을 고집하는 자세가 기본이 된다. 한편으로 채소 음식은 재료가 지닌 신선한 맛과 정성 들인 손맛 그리고 천연 양념의 맛이 어우러져 완성된다. 내가 사시사철 만드는 음식에 사용하는 천연 양념은 크게 세 가지다. 기본 중의 기본인 장과 채수, 감칠맛을 주는 맛가루가 한데 어우러져 한 품 한 품의 음식에 풍미와 영양을 더해준다.

기본 장

우리가 즐겨 먹는 음식에 짠맛을 내기 위해 사용하는 기본 장으로서, 제대로 담근 장에서는 은근한 단맛을 느낄 수 있다. 절집 스타일 채소밥의 양념에는 파, 마늘 등의 재료를 일절 넣지 않으므로, 각 재료 본연의 맛을 살려 맛있고 건강한 음식을 만들기 위해서는 단연 좋은 장맛과 이들의 적절한 활용이 가장 중요하다.

된장 · 집간장

잘 만든 메주만 있으면 집에서도 된장과 간장을 만들어볼 수 있다. 만약 집에서 담가 본다면, 손바닥만 한 크기의 시판용 메주(복식품)를 인터넷으로 구입해 사용해도 좋다. 음식의 간을 할 때는 집간장이나 조림 간장을 이용하는데, 조림 간장은 다시마, 표고버섯으로 채수를 만든 다음 여기에 서리태 2컵을 넣고 끓여 건더기를 건져낸다. 조림 간장은 입맛에 따라 신맛 또는 짠맛을 가감할 필요가 있는데 신맛에는 식초를 가미하고, 짠맛이 필요하면 조금 진하게 만든 뒤 희석해 사용하도록 한다. 냉장고에 보관하면서 각종 무침, 조림, 국 등 음식을 만들 때 적절히 활용하도록 한다. 비교적 간단하게 장 담그는 법을 소개한다.

재료_ 시판용 메주(손바닥 크기) 20개, 소금물(물 1L, 소금 300g), 숯 1~2개, 말린 고추 2~3개

만드는 법_ 메주는 찬물에 씻어 먼지를 제거하고 저장 용기(또는 장독)에 2/3 정도까지 넣는다. 메주와 같은 양의 소금물을 붓고 숯, 말린 고추를 띄운 다음 뚜껑을 닫는다. 독에 담글 때에는 입구에 망을 씌워줘야 벌레가 들어가지 못한다. 볕이 좋고 바람이 잘 통하는 곳에 두어 숙성시키고, 50~60일 정도 지난 시점에 간장을 따라 사용한다. 간장과 분리한 된장은 1년 정도 발효시킨 뒤 먹으면 적당하다.

고추장

우리에게 가장 중요한 장맛 중 하나는 단연 고추장 맛이다. 잘 익은 고추와 엿기름, 찹쌀가루가 있으면 직접 만들어볼 수 있어 소개한다.

재료_ 찹쌀가루 100g, 엿기름물 200g, 고춧가루 200g, 조청 200g, 소금 50g, 집간장 1/2컵, 메줏가루 100g

만드는 법_ 찹쌀가루를 익반죽해 도넛 모양으로 만든 다음 끓는 물에 삶아 건진다. 여기에 삶은 물을 넣고 방망이로 치대 으깬다. 체에 걸러 약한 불에 끓인 엿기름물에 찹쌀 반죽을 넣고 한소끔 끓인 뒤 소금, 조청을 넣는다. 끓어오르면 메줏가루와 고춧가루를 넣고 잘 섞어 집간장과 소금을 넣어 간을 맞춘다. 넓은 그릇에 담아 일주일 정도 자주 저어가며 소금이 잘 녹도록 하고, 맛이 어우러질 무렵 용기에 담아 서늘한 곳에 보관한다. 2개월 정도 지나면 먹기 시작한다.

굵은소금

서해안 천일염을 3년 이상 간수를 뺀 것을 구입해 사용하면 소금에서 단맛이 난다. 익히 아는 전남 신안의 굵은소금이 대표적이며, 금수암에서는 전북 고창 선운사 주변의 것을 구입해 사용하기도 한다.

볶은 소금

뜨겁게 달군 팬에 굵은소금을 넣고 노릇해질 때까지 오래 볶은 다음, 믹서기로 갈면 볶은 소금이 완성된다. 단, 집에서 직접 만드는 경우에는 불순물이 완전히 제거되지 않기도 해 좋지 않은 냄새가 날 수도 있으니 이 점을 주의한다. 1200℃ 고온에서 구운 '생활 죽염'을 구입해 사용하면 간편하고 좋다.

채수(채소물)

'맛국물'이라고도 불리는 채수는 표고버섯과 다시마를 넣고 끓인 물로 채식 밥의 거의 모든 국물에 사용한다. 단지 채수가 꼭 버섯과 다시마 우린 물 두 가지로 만든 것만은 아니다. 음식에 따라 무, 버섯의 밑동, 배추나 양배추 등등 감칠맛을 내기 좋은 채소들을 함께 넣고 끓여 활용한다. 이번 책에서는 각 음식마다 적당한 채수 재료와 분량을 적어두었으니, 별도로 언급한 경우 이를 따라 하면 된다.
아울러 가장 기본이 되는 채수 만드는 법은 따로 정리해 소개한다. 물의 양에 따라 버섯과 다시마의 양도 달라지기 마련이며, 한 번에 넉넉하게 만들어 냉장 보관하면 일주일 정도 사용 가능하다.

재료

말린 표고버섯 30g (일반 크기 버섯 7~9개), 다시마 30g, 물 5컵

만드는 법

1. 말린 표고버섯은 먼지를 털어내는 정도로 물에 한 번 헹군다.
2. 다시마는 마른 행주로 겉면의 먼지를 닦아낸다.
3. 냄비에 물을 붓고 표고버섯, 다시마를 넣은 뒤 센 불에서 7분간 끓인다. 불을 끄고 표고버섯과 다시마는 건져내 채수를 완성한다.

요리별 채수의 응용

- 말린 표고버섯 + 다시마 + 물(끓이기) : 집간장, 된장이 아닌 소금으로 간하는 맑은 국물 요리를 만들 때 생수 대신 사용한다. 일반적으로 국 1인분을 만들 때에는 채수 3컵을 넣도록 한다.
- 말린 표고버섯 + 다시마 + 물(우리기) : 된장국, 된장찌개 등 된장이 들어간 국물 요리에 생수 대신 사용한다. 그릇에 물을 붓고 버섯, 다시마를 넣은 뒤 1시간 이상 우려내 건더기를 건져낸다.
- 말린 표고버섯 + 다시마 + 집간장 + 물 : 감칠맛이 필요한 대부분의 국물 요리, 또는 들깻가루를 넣는 전골이나 찜 등의 국물 요리에 생수 대신 사용한다.

Tip. 채수를 끓인 표고버섯과 다시마는 반드시 건져내야 하는데, 그대로 넣어두면 감칠맛이 사라지기 때문이다. 건져낸 표고버섯은 보통 물기를 짠 뒤 썰어 밑간해 요리에 함께 넣거나 밑반찬으로 먹는다.

맛가루

인공 조미료는 가급적 사용하지 말고 천연 식재료를 가루로 만들어 채소 음식에 넣어보자. 음식마다 맛가루 재료가 지닌 특유의 감칠맛을 훨씬 깊게 느낄 수 있으며, 때에 따라서는 맛가루가 음식에 예쁜 색을 내는 데에도 도움을 준다. 밀봉 가능한 비닐 백에 담아 냉동실에 보관하면 1년 정도 사용할 수 있다.

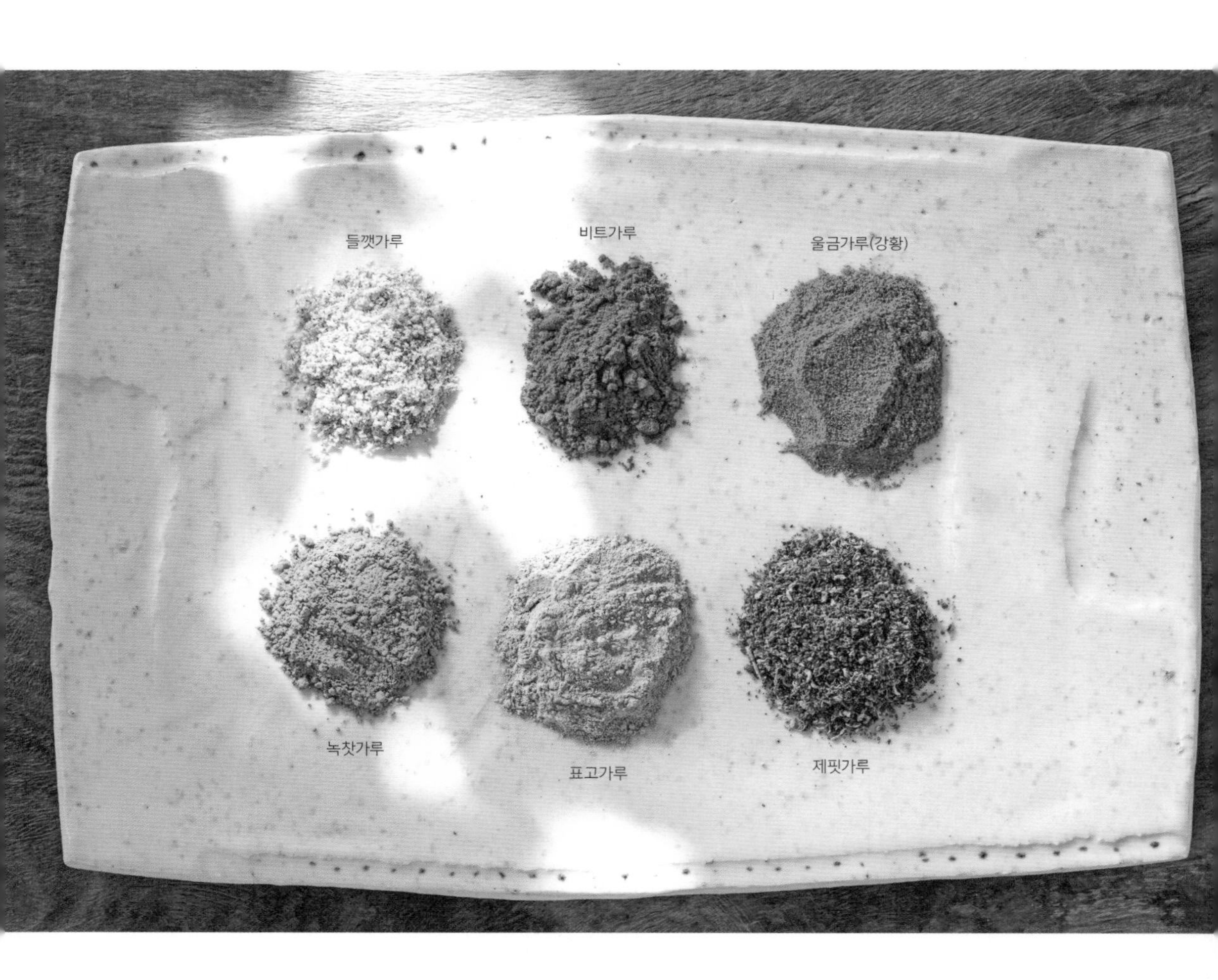

들깻가루

탕, 찜, 국 등 걸쭉하고 구수한 국물 맛을 내는 음식에 꼭 넣는 재료다. 약한 불에서 30분 정도 뒤적이며 볶은 들깨를 완전히 말린 다음 믹서에 갈아 만든다. 이때 2~3번 정도 반복해 갈아야 가루가 곱다.

비트가루

뿌리채소인 비트는 각종 비타민과 미네랄 성분이 풍부하며 간 기능 개선, 혈액순환 및 고혈압, 당뇨 질환 개선 등에 효과 있다. 분말 형태로 만든 비트가루는 매일 물에 타 마시거나 샐러드에 뿌려 먹기도 하고, 특히 밀가루 반죽이나 완자 만들 때, 밥 지을 때 첨가하면 예쁜 자줏빛 색을 낼 수 있다.

Tip. 비트가루 대신 백련초가루를 사용해도 같은 자줏빛 색을 낼 수 있다.

울금가루(강황)

강황이 뿌리줄기라면, 울금은 덩이뿌리를 건조한 것을 뜻한다. 두 가지 모두 생강과에 속하며 항산화 작용을 하는 커큐민 성분이 풍부한 것이 공통점이다. 채식 카레를 만들 때 시판용 분말과 함께 넣으며, 음식 반죽에 가루를 섞어주면 치자물을 들인 듯 예쁜 색을 낼 수 있다.

녹찻가루

녹차 잎을 가볍게 덖어 말려 곱게 빻은 가루로, 카테킨 성분이 지방 배출과 장 청소, 노화 방지 등에 큰 효능을 지닌 것은 익히 잘 아는 사실이다. 녹차가루 역시 특유의 쌉싸래한 맛과 그윽한 향을 살려 음식의 감미료로 활용하며, 녹차칼국수나 전, 떡 등에 넣어 색을 입힐 때도 자주 사용한다.

표고가루

씻어서 햇볕에 일주일 정도 바싹 말린 표고의 기둥을 떼어낸 뒤 믹서에 갈아 가루를 만든다. 무침, 나물 음식에 사용하면 감칠맛이 더해지고, 채수를 마련하기 어려운 경우 표고가루로 국물을 낸다.

Tip. 절집 채식 음식의 맛국물을 대표하는 다시마 역시 표고가루처럼 마련해두고 각종 찌개, 국에 간편하게 활용하면 감칠맛을 낸다.

제핏(초피)가루

산초나무와 생김새가 비슷한 제피는 매운맛을 지녔다. 성질이 따뜻하고 탈모 예방과 눈을 밝게 하는 효능이 있다. 열매 껍질을 말려 갈아서 무침이나 찌개의 양념 가루로 사용하면 입맛을 돋운다. 산야초회의 초장에 제핏가루를 넣으면 별미 소스가 된다. 산초 역시 효능이 제피와 비슷해 향신료로 사용한다.

조청과 꿀
산야초 식초

고춧가루
깨와 깻가루

기타 재료

산야초 식초

산야초는 본래 청정 지역에서 적절한 시기에 맞춰 채집한 각각의 종류를 씻고 말리고 덖어 마련한 뒤, 발효와 숙성 과정을 거쳐 효소를 만든다. 이렇듯 오랜 시간을 걸쳐 건강 효소를 만들 여력이 없을 때 권하는 것이 약용 식초다. 각종 산야초의 뿌리나 줄기에 현미식초를 부어 숙성시킨 뒤 건더기를 잘 걸러내면 손쉽게 약용 식초를 만들 수 있다. 생강, 레몬, 오미자, 복분자, 구기자, 울금 등등 성질이 부드럽고 따뜻한 재료를 이용해 만든 약용 식초는 무침 요리에 이용하기 좋으며, 혈관의 지방 분해 효소가 많아 건강에도 좋다.

조청과 꿀

조청은 쌀과 엿기름을 오래 고아 만든 전통 방식의 감미료다. 표백과 정제 과정을 거치지 않은 천연 재료이나 맛과 향, 색이 진해, 만드는 음식에 따라 분량을 잘 조절하는 것이 중요하다. 점성이 강해 볶음, 조림 요리에 사용하면 적합하며 떡볶이(얼큰떡찜)이나 맛탕, 조림 반찬을 만들 때 넣으면 좋다. 한편으로 샐러드, 차와 선식 등에 첨가해 천연의 단맛을 즐길 수 있는 꿀은 열에 약해 생으로 조리해야 한다. 따라서 조리의 마지막 단계에 넣어야 풍부한 영양분이 파괴되는 것을 피할 수 있다.

고춧가루

햇볕에 말린 익은 고추의 씨를 털어내고 빻은 대표적인 천연 조미료다. 국내산 말린 고추를 직접 빻아 만드는 경우도 많은데, 이 경우 과육이 두껍고 매끈하며 윤기 나는 것을 이용하는 것이 기본이다.

깨

통깨와 가루를 낸 깻가루 그리고 들깻가루 세 가지를 기본으로 사용하며 나물무침, 찜, 탕, 국 등 우리 음식에 기본적으로 들어가는 맛가루다. 통깨, 즉 참깨는 양념의 감초 격으로 고소한 향으로 인해 항상 입맛 돋우는 역할을 한다. 깨에 든 리놀레산 성분은 기억력 개선과 치매 예방, 노화 방지 등에 효과가 있어 다양한 음식을 통해 꾸준히 섭취하면 좋다. 또 모든 음식과 맛의 조화를 이루는 깻가루 역시 생채절이나 숙채나물, 샐러드, 감자전 등에 두루 어울려 상비해두기를 권한다. 들깻가루는 실온에 두면 금세 산화되므로, 밀폐용기에 담아 냉동실에 보관하도록 한다.

Part 2

곡물과 채소의 조화로 만든 밥과 죽

일미칠근一米七斤의 고사는 쌀을 주식으로 하는 사람이라면 누구나 알아야 한다. 쌀 한 톨의 무게가 농부의 땀 일곱 근이니, 그 공력이 결코 돈으로는 살 수 없음을 뜻한다. 우리 생활에 이토록 소중한 쌀이 이제는 홀대받는 세상이다. 오늘날 우리 식탁과 건강을 위협하는 문제들은 단순히 외국 자본의 탓이 아니다. 우리 자신이 전통 밥상을 홀대하고 있는 것이 더욱 큰 문제다. 절집의 바루공양을 경험한 이는 비로소 밥 먹는 태도를 고치게 된다. 오행(적, 청, 황, 흑, 백)과 사대(지, 수, 화, 풍)가 함께 깃든 채소밥이야말로 우주의 밥상임을 깨닫고, 이를 통해 자연과의 공존의 뜰을 만들어야 한다. 그 중심에 수천 년 내려온 상차림의 중심, '밥'이 있다. 이번 책에서는 곡류와 채소를 한데 넣고 채수로 짓는 밥은 가정용 솥과 냄비를 사용하고, 채소를 별도로 조리한 뒤 얹어 먹는 덮밥이나 김밥 종류는 일반적인 전기밥솥에 밥을 지었다. 예부터 밥심 하나로 산다는 한국에서는 전기밥솥의 지능 또한 끝없이 진화해, 이제는 어떠한 종류의 밥을 만들어도 만족스러운 맛을 낸다. 그럼에도 솥밥의 매력은 여전히 놓지 못한다. 한 끼 밥을 만드는 동안 불 조절로 갖은 곡물과 채소가 제맛을 완성해가는 것이 참으로 정갈한 과정과 건강함을 갖추었다는 생각 때문이다. 그러니 가끔은 밥을 차릴 때도 충분한 시간 여유를 즐기며 다양한 곡물과 채소, 채수를 이용한 솥밥을 지어보기를 권한다. 아울러 각종 채소류를 활용해 바로 만들어내는 덮밥은 반찬 없을 때, 입맛 없을 때 두루 요긴한 별식이다.

자연의 흐름대로
제철 음식을 먹는다는 것

동서양을 막론하고 식재료를 이용하며 오행의 색을 담아 조화롭게 섭취한다. 이것이 건강에 이로운 기본 밥상 차리기의 기본이자 이제는 참 흔한 이야기이기도 하다. 예전에는 제철 음식을 먹는 것이 너무도 당연했으나, 오늘날에는 이른바 '제철 아닌 음식으로 차린 밥상'이 훨씬 자연스러워진 느낌이다. 냉장·냉동 음식과 밀봉 보존한 제품을 손쉽게 조리해 먹는 레토르트 식품 등이 워낙 방대해진 탓에, 이제는 갖은 채소와 과일 역시 예전처럼 맛볼 계절을 기다림 속에 맞이할 필요조차 없어졌다. 앞서 말했듯이 나는 이번 책을 준비하며 지금까지의 저서와는 다른 원칙을 세웠다. 젊은 세대가 '채소밥'에 보다 친숙해질 수 있도록, 마트에서 사시사철 간편하게 구할 수 있는 채소류를 활용해 만든 음식을 선보이기로 한 것이다. 육식 위주로 변해온 현세대의 식습관은 각기 다른 맛과 향의 채소가 지닌 가치를 잊게 했다. 그런 만큼 이제라도 더 많은 사람이 채식의 중요성을 알아야 한다. 우리 몸의 건강과 지구 환경을 위해서도, 어떤 채소든 손쉽게 구하고 조리해 먹을 수 있는 습관을 들이는 것을 가장 우선시해야 한다고 생각한다. 그럼에도 제철 식재료가 지닌 가치에 대해 강조할 필요는 있다. 계절에 따라 음식 재료와 성분의 효과가 다르니, 그 계절에 나는 음식을 먹는 것이 영양을 공급하는 데 가장 효율적일 것이다. 그뿐만이 아니다. 인간의 몸은 소우주이자 24절기의 영향을 받는다. 계절에 따라 몸의 장기가 받아들이는 요소가 다른 만큼 이에 맞춰 절기별 채소를 섭취해주는 것이 좋은 식습관이다. 이때 중요한 것이 바로 제철에 얻는 식재료로, 굳이 다양한 양념을 첨가해 조리하지 않아도 신선함이 물씬 배어 있어 그 섭생만으로도 만족스럽다.

'골고루 섭생하라.' 이는 제철에 나는 다양한 재료를 적당한 조리법으로 요리하여 영양소를 섭취하라는 가르침이다. 그런데 여기서 말하는 '골고루'는 다양한 종류의 음식을 먹는다는 의미가 아니다. 두세 가지 반찬을 차려 '음양오행'에 맞는 식사를 하되 과하지도, 덜하지도 않은 지혜로운 밥상을 마주하는 것이다. 아울러 탐식과 같은 맥락에 있는 '육식'은 절제의 대상이 되어야 한다.

· 채소밥의 기초 ·

밥상의 주인
쌀밥·현미밥·잡곡밥

오늘날 우리 대부분은 윤기 흐르고 고슬고슬하게 잘 지어진 쌀밥을 으뜸으로 꼽는다. 한국인은 단연 밥심이니 밥맛 좋은 곳이 맛집으로 유명한 곳도 많다. '맛있는 밥'은 물론 개인 입맛에 따라 다르겠지만, 우리가 일반적으로 정의 내리는 맛있는 밥은 하얗고 윤기가 흐르며, 씹었을 때 촉감이 부드럽고 은은한 단맛과 향, 찰기와 탄력을 느끼게 하는 것이다. 물론 누구나 고슬고슬한 밥을 선호하는 것은 아니라서, 약간 진밥이 취향인 경우에는 압력밥솥으로 밥을 짓는 경우도 많다.
그러면 맛있는 밥을 제대로 짓기 위해 어떤 밥솥을 사용하면 좋을까? 요즘은 웬만한 전기밥솥 모두 좋은 맛을 보장한다. 그러니 품질 좋은 쌀이 맛의 한 수를 보장한다 해도 과언은 아닐 것이다. 단지 수십 년간 사찰 밥을 지어온 나는 손에 익어서인지 세월이 지나도 여전히 솥밥을 고집한다. 생각해보면 인공지능 전기압력밥솥이라 하는 제품의 거의 대부분이 가마솥 밥을 재현한 것임을 강조하니, 아무래도 가정용 무쇠솥, 돌솥, 또는 뚝배기 같은 내열자기 솥으로 지은 밥이 우리 입맛에 만족스러운 것은 사실인 듯하다. 요리에 관심 있는 이들은 르쿠르제, 스타우브 등과 같은 유럽 브랜드의 솥을 기본으로 장만해 솥밥을 짓기도 한다(이들 모두 무거워 다루기 버거운 것이 작은 흠이다). 솥밥과 밥맛의 상관관계는 열전도율에 기인한다. 보통 센 불로 밥을 짓는데, 높은 화력으로 밥을 지어도 뜸 들이는 과정에서 온도가 바로 떨어지면 제맛을 살릴 수 없으므로 열전도율이 낮아 온도를 오래 유지하는 솥이 밥맛도 좋다는 이치다. 맛있는 밥을 지으려면 도구와 함께 불 조절을 잘하는 요령도 익혀야 한다. 솥밥의 경우 센 불에 끓이다가 끓기 시작하면 불을 확 낮춰 약한 불에서 오래도록 뜸 들이는 식으로 밥을 짓는다. 이때 센 불을 10이라고 하면, 낮춘 불은 3~4 정도라고 할 수 있다. 이렇게 약한 불을 15분 정도 유지한 뒤 불을 끄고 10분 정도 지나면 밥이 맛있게 지어진다.

한편으로 백미, 즉 도정한 쌀은 좋은 밥맛 내기에 참 수월한 반면 사실 당질 이외의 영양가는 부족한 밥이다. 그러니 에너지 이외에 균형적인 영양 섭취를 고려한다면 잡곡을 섞어 먹는 것이 좋고, 더욱이 현미는 매일 일상식으로 챙겨 먹어야 할 곡류다.

현미의 효능은 너무 많아서 일일이 다 열거할 수도 없을 정도다. 현미는 비타민 B1과 B2가 많고 미네랄이 풍부한 알칼리성 식품으로, 장을 튼튼하게 하고 오래 먹으면 근력이 생긴다. 또 중금속에 오염된 쌀이라 해도 현미로 먹게 되면 배설 작용이 탁월한 현미의 덕을 볼 수 있다. 만약 현미밥을 소화하기 힘든 사람이라면 죽으로 끓여 먹는 것도 방법이다.

든든한 건강 별미밥을 대표하는 것은 대보름 절식節食의 하나인 오곡밥이다. 오곡은 곡식을 총칭하는 의미이자 대표적인 쌀·보리·조·콩·기장 등의 다섯 가지 곡식이기도 하다. 한편으로 찰기 있는 오곡밥을 지으려면 찹쌀·차수수·차좁쌀·붉은팥·검은콩 등 5가지 곡식을 이용하는데, 다양한 종류의 콩과 팥을 섞어야 밥도 잘 지어지고 맛도 훨씬 좋다. 요즘은 마트에서 다양한 곡물을 혼합한 제품을 쉽게 구할 수 있어 예전처럼 각각의 곡류를 수고스럽게 손질할 필요가 없어졌다.

잡곡밥

재료

혼합 곡물(시판용 27곡) 2컵, 소금 약간, 물 2컵

만드는 법

1. 잡곡은 깨끗이 씻어 밥 짓기 5시간 전에 불려둔다. 여유가 있으면 전날 불려둔다.
2. 솥에 불린 잡곡을 넣고 동량의 물을 부은 다음 센 불에서 밥을 짓는다.
3. 팔팔 끓으면 불을 약하게 줄이고, 15~20분 정도 넘치지 않게 쌀을 익힌 다음, 불을 끄고 충분히 뜸을 들여 완성한다.

Tip. 시중에서 손쉽게 구할 수 있는 혼합 곡물 종류는 실로 다양해 각자 입맛에 따라 선택할 수 있다. 뚝배기와 같은 자기 솥을 사용해도 열이 오래 유지되어 맛있는 밥을 지을 수 있으며, 개인적으로는 뚜껑이 이중으로 된 밥 전용 솥을 사용한다. 잡곡은 오래 불려 밥을 지어야 수월하다. 전기밥솥에 밥을 할 때 3시간 정도 불린다면, 솥이나 냄비는 5시간 이상으로 보면 된다.

땅콩찰밥과 미역국

땅콩찰밥은 청도 운문사에서 처음 선보인 대표 사찰밥의 하나로 미역국과 함께 먹는다. 때에 따라 밤을 함께 넣으면 단맛과 고소한 맛의 풍성한 조화를 느낄 수 있으며 간식으로도 그만이다.

땅콩찰밥

미역국

땅콩찰밥

재료 찹쌀 2컵, 땅콩 1컵, 소금 약간, 물 2 1/2컵(440ml 정도)

만드는 법

1. 찹쌀은 미리 씻어 밥 짓기 2시간 전에 불려둔다.
2. 땅콩은 껍질을 벗기고 끓는 물에 한 번 튀기듯 데쳐내어 떫은맛을 없앤다.
3. 솥에 찹쌀을 넣고 물의 양을 맞춰 부은 뒤 위에 땅콩을 얹는다.
4. 센 불에서 가열하다가 팔팔 끓기 시작하면 불을 확 낮춰 쌀을 충분히 익힌다(센 불을 10으로 가정하면 4 정도 세기로 낮춰줄 것).
5. 15분 정도 지나 다시 팔팔 끓으면 불을 끄고 10분 정도 뜸 들인다.

Tip. 날이 추워지는 계절에는 찹쌀의 비중을 높여 밥을 지어 먹으면 몸을 따뜻하게 유지할 수 있다.

미역국

재료 마른 미역 20g, 채수 4컵, 집간장 2큰술, 참기름 1큰술

만드는 법

1. 미역은 찬물에 담가 부드럽게 불린다.
2. 불린 미역을 바락바락 주물러 씻은 뒤 물기를 꼭 짜고 먹기 좋게 썬다.
3. 국물용 채수는 기본 만들기를 참고해 끓여 분량만큼 준비한다.
4. ③에서 건진 표고버섯은 기둥을 떼어낸 뒤 채 썰어 집간장 2큰술과 참기름(분량 외)을 약간 넣어 밑간한다.
5. 냄비에 참기름 1큰술을 두르고 불린 미역과 표고버섯을 함께 넣어 볶다가 채수 4컵을 붓고 끓인다.
6. 국물이 끓으면 집간장(분량 외)으로 간을 맞춘다.

무청시래기밥

무시래기는 1년 내내 비타민과 식이섬유를 풍부히 섭취할 수 있는 훌륭한 저장 식재료다. 푹 삶아 부드럽고 구수한 식감을 살린 시래기밥은 소화가 잘되어 속이 편하며, 된장 비빔장에 쓱쓱 비벼 먹으면 다른 반찬이 필요 없는 별미 비빔밥을 즐길 수 있다.

재료

불린 쌀 2컵
채수 3컵
표고버섯 1개
사각 유부 2개
삶은 시래기 150g
참기름·집간장·소금 약간씩

*된장 비빔장
된장·고추장·참기름 1큰술씩
다진 청·홍고추 1/2개씩
깻가루 1큰술

만드는 법

1. 채수는 기본 만들기를 참고해 끓여 분량만큼 준비한다.
2. 표고버섯은 표면을 깨끗이 닦은 다음 기둥을 떼고 채 썬다.
3. 사각 유부는 채를 썰어 끓는 물에 두 번 데쳐 기름기를 제거한다. 찬물에 씻어 물기를 꼭 잔 다음 참기름, 소금을 넣어 조물조물 무친다.
4. 시래기는 푹 삶아 껍질을 벗기고 물에 헹궈 물기를 꼭 짠 다음, 잘게 썰어 참기름과 집간장을 넣고 조물조물 주물러 간이 배게 한다.
5. 솥에 불린 쌀을 넣고 밥물을 붓는다. 그 위에 채 썬 표고버섯, 양념한 시래기와 유부를 얹은 다음 뚜껑을 덮고 센 불에서 밥을 짓는다.
6. 분량의 재료를 한데 넣고 잘 섞어 된장 비빔장을 만든다.
7. ⑤의 밥이 팔팔 끓으면 약한 불로 줄여 익힌 다음, 불을 끄고 10분 정도 충분히 뜸을 들인다.
8. 밥과 함께 ⑥의 양념장을 곁들여 낸다.

토란밥

토란土卵은 이름 그대로 '흙에서 나온 알'이라는 뜻을 지닌 가을 제철 채소다. 특유의 아린 맛이 있어 호불호가 갈리기도 하나, 정갈하게 손질한 알토란은 예부터 토란국이나 탕 등의 음식에 자주 오르는 건강식이기도 하다. 토란 다루는 법만 제대로 익히면 다양한 요리에 응용해 건강한 맛을 즐길 수 있다.

재료

불린 백미 1 1/2컵, 토란 5알(200g) *양념장 집간장 1큰술, 참기름 1큰술, 풋고추 1개, 조청 1/2큰술

만드는 법

1. 백미는 밥 짓기 2시간 전에 씻어 불려둔다.
2. 토란은 조리 장갑을 낀 채 흐르는 물에 씻어 흙을 깨끗이 제거한다. 쌀뜨물에 소금을 넣고 3분 정도 데쳐 독성을 제거한다.
3. ②를 건져 껍질을 벗긴 뒤 한입 크기로 자른다.
4. 냄비에 불린 쌀과 토란을 올리고 밥물을 1 1/2컵보다 조금 모자라게 붓는다(240ml). 센 불에서 가열해 밥을 짓는다.
5. ④가 팔팔 끓으면 약한 불로 낮춰 익힌 다음, 뚜껑을 덮고 10분 정도 뜸을 들인다.
6. 분량의 재료를 한데 넣고 잘 섞어 양념장을 만든다.
7. 밥을 잘 섞은 뒤 양념장을 곁들여 낸다.

더덕밥

산에서 나는 고기라고도 불릴 만큼 씹는 맛과 향이 좋은 더덕으로 지은 솥밥.

재료

불린 백미 1 1/2컵, 더덕 2뿌리, 당근 20g, 표고버섯 1개 *초간장 청·홍고추 1개씩, 식초·배즙·조청·깻가루 1큰술씩, 집간장 1큰술

만드는 법

만드는 법

1. 더덕은 깨끗하게 씻어 껍질을 벗기고 1cm 정도 두께로 작게 토막 내 썬다.
2. 표고버섯은 표면을 깨끗이 닦고 기둥을 떼어낸 뒤 채 썬다. 당근은 반달 모양으로 얇게 썰어 준비한다.
3. 2시간 정도 불린 쌀을 솥에 넣고 밥물을 맞춘 뒤 표고버섯과 당근을 위에 얹고 센 불에서 밥을 짓는다. 밥물은 토란밥과 같은 양으로 잡으면 된다.
4. 밥이 끓기 시작하면 뚜껑을 열어 ①의 더덕을 넣고, 다시 뚜껑을 덮어 10분 정도 뜸을 들인다.
5. 청·홍고추는 깨끗이 씻어 씨를 제거하고 곱게 다진다. 볼에 다진 고추와 집간장, 식초, 배즙, 조청, 고추, 깻가루를 넣고 잘 섞어 초간장을 만든다.
6. 밥이 완성되면 초간장을 곁들여 낸다.

연잎밥

요즘은 일반 가정에서 연잎을 구하기도 쉽다. 연잎에 밥을 싸서 쪄내면 속에 든 각종 곡물의 수분이 그대로 보존되면서 향이 은은하고 맛이 부드러운 것은 물론, 연잎의 영양소도 함께 배어든다.

재료

연잎 4장(1/4 크기)
찹쌀 400g
은행 12알
밤 4개
마른 연자 2큰술
풋콩 2큰술
잣 2큰술
소금 약간

만드는 법

1. 찹쌀은 씻어 2시간 정도 불린다. 채반에 밭쳐 물기를 빼고, 김이 오른 찜기에 면보를 깔고 얹어 20분 정도 찐다.
2. 깨끗이 씻은 연잎은 큼직한 1장을 1/4 크기로 잘라 4장을 만든다. 중앙을 잡은 뒤 잡아당기면 결대로 잘 라진다.
3. 은행은 달군 팬에 굴리면서 구워 속껍질을 벗긴다.
4. 밤은 삶아 껍질을 벗긴 뒤 4등분한다.
5. 연자는 미지근한 물에 담가 30분 정도 불린 다음 끓는 소금물에 데친다.
6. 풋콩은 씻어 물기를 뺀다.
7. 2공기 분량의 찰밥이 쪄지면 연잎 한 장을 펼쳐 1/4 분량의 밥을 얹는다. 준비한 잣, 은행, 밤, 연자, 풋콩을 올려 연잎으로 잘 감싼다. 이때 소금물을 약간 뿌려준다.
8. 김이 오른 찜기에 연잎밥을 넣고 30~40분 정도 푹 쪄낸다.

Tip. 연잎에는 철분이 풍부해 빈혈을 예방하고, 저혈압 예방에도 좋다. 피를 맑게 해 혈액순환을 돕고 혈중 콜레스테롤을 낮추며 지방 분해를 돕는다. 연잎밥용 생연잎은 온라인몰에서도 쉽게 구할 수 있다. 연꽃의 씨인 연자는 왕의 보약이라고 할 만큼 예부터 귀한 식재료로 여겼다. 진정 작용이 있어 스트레스가 쌓일 때 섭취하면 마음을 안정시키는 효과가 있다.

무말랭이밥

맑은 물에 헹궈 체에 밭쳐 불린 무말랭이를 넣어 짓는 영양 솥밥이다. 물에 한참 담가 불리면 맛 성분마저 물에 용해되므로, 짧게 불려 물을 빼면서 자연스럽게 불리는 과정이 비법이다.

재료

무말랭이 70g
불린 백미 1컵
불린 현미 1컵
채수 3컵
집간장 · 참기름 적량씩

*양념장
말린 표고(채수에서 건진 것) 2개
채수 2큰술
집간장 2큰술
청 · 홍고추 1개씩
참기름 · 통깨 1작은술씩

만드는 법

1. 깨끗이 씻어 물에 1시간 정도 불린 백미와 현미를 1컵씩 준비한다.
2. 채수는 기본 만들기를 참고해 끓여 분량만큼 준비한다.
3. 무말랭이는 미지근한 물에 5분 정도 담가둔 뒤 체에 밭쳐 물기를 빼면서 불린다.
4. ③을 집간장과 참기름으로 밑간해 살짝 볶는다.
5. 냄비에 백미와 현미를 넣고, 채수는 이들의 1.5배 분량을 넣어 밥물을 맞춘다. 센 불로 가열해 팔팔 끓어오르기 시작하면 뚜껑을 열어 무말랭이를 넣고, 약한 불로 낮춰 익히면서 밥을 짓는다. 다시 끓어오르면 불을 끄고 10분 정도 충분히 뜸을 들인다.
6. 채수를 끓이고 건진 표고버섯 2개는 곱게 다져 집간장, 참기름으로 밑간해 달군 팬에 볶는다.
7. 청·홍고추도 씨를 제거하고 곱게 다져 ⑥의 잔열로 팬에서 볶아낸다.
8. 분량의 채수와 집간장, 다진 표고버섯과 고추, 참기름, 통깨를 잘 섞어 양념장을 만든다.
9. 완성한 무말랭이밥에 양념장을 곁들여 낸다.

Tip. 겨울 무는 산삼과도 바꾸지 않는다는 말이 있을 정도로 영양이 풍부하며, 겨울에 채소를 섭취하기 위한 조상의 지혜가 깃든 저장 식재료다. 햇빛에 말린 무는 비타민 D가 특히 풍부해 노화를 방지하며, 골다공증 예방에 좋고 칼로리가 낮아 다이어트 식단에도 요긴하다.

곤드레나물밥

곤드레나물밥은 특유의 구수한 향과 부드러운 맛으로 인해 시판 냉동 제품으로도 출시될 만큼 젊은 층에게도 인기 높다. 삶은 곤드레를 집간장, 참기름으로 무쳐 채수로 냄비밥을 지으면 삼시 세끼 언제 먹어도 입맛을 돋운다.

재료

불린 곤드레나물 80g
불린 백미 2컵
채수 2 1/2컵
집간장 2큰술
참기름 1큰술

*양념장
채수 2큰술
집간장 2큰술
청 · 홍고추 1개씩
참기름 · 통깨 1작은술씩

만드는 법

1. 쌀은 깨끗이 씻어 1시간 정도 불린다.
2. 채수는 기본 만들기를 참고해 끓여 분량만큼 준비한다.
3. ②에서 건진 표고버섯 2개는 물기를 꼭 짜 기둥을 떼어내고 곱게 채 썬 다음, 밑간용 집간장과 참기름을 살짝 넣고 버무려 달군 팬에 볶아둔다.
4. 곤드레나물은 삶은 뒤 그대로 삶은 물에 담가 불려둔다.
5. ④의 물기를 꼭 짜 적당히 썬 다음, 집간장과 참기름을 살짝 넣고 버무려 달군 팬에 볶는다.
6. 냄비에 불린 쌀을 넣고 채수로 밥물을 맞춘 다음, 곤드레나물과 채 썬 표고버섯을 얹어 센 불에서 밥을 짓는다. 팔팔 끓을 때 약한 불로 줄여 익힌 다음, 뚜껑을 덮은 채로 10분 정도 뜸 들인다.
7. 청·홍고추는 씨를 제거하고 곱게 다져 달군 팬에 가볍게 볶는다. 곤드레나물을 볶은 팬의 잔열을 이용해도 좋다.
8. 분량의 채수와 집간장, 다진 고추, 참기름, 통깨를 한데 넣고 잘 섞어 양념장을 만든다.
9. 완성한 곤드레밥에 양념장을 곁들여 낸다.

Tip. 곤드레나물이 질긴 경우에는 삶은 뒤 그대로 뚜껑을 덮고 식힌 다음 찬물에 씻어 물기를 제거한다.

모자반톳밥

향긋한 바다의 향을 품은 톳과 모자반을 듬뿍 넣어 지은 밥. 보통 겨울철 국이나 무침 반찬으로 많이 먹는데, 밥을 지어 양념장에 비벼 먹어도 별미다. 두부를 으깨 넣고 함께 비벼 먹어도 맛있다.

재료

말린 톳 20g
모자반 20g
백만송이버섯 30g
불린 백미 2컵
채수 1 3/4컵

*양념장
고추장 2큰술
매실청 1큰술
채수 1작은술
참기름 1큰술
통깨 약간

만드는 법

1. 쌀은 깨끗이 씻어 1시간 정도 불린다.
2. 기본 채수 만들기를 참고해 채수를 분량만큼 준비한다.
3. 말린 톳은 찬물에서 30분 정도 불린 다음 헹궈 물기를 제거한다.
4. 모자반은 씻어 찬물에 살짝 불린 뒤 적당한 크기로 썰어 준비한다.
5. 버섯은 밑동을 잘라내고 가닥을 떼어내 준비한다.
6. 밥솥에 불린 쌀을 넣고 채수로 밥물을 맞춘다. 밥물은 2컵보다 조금 모자라게 잡는다. 위에 톳과 모자반, 버섯을 얹고 센 불로 가열해 밥을 짓는다.
7. 분량의 재료를 한데 넣고 잘 섞어 양념장을 만든다.
8. 밥이 팔팔 끓으면 약한 불로 줄여 충분히 익힌 다음, 뚜껑을 덮은 채로 불을 끄고 10분 정도 뜸을 들인다.
9. 완성한 모자반톳밥은 양념장을 곁들여 내 밥에 쓱쓱 비벼 먹는다.

Tip. 대부분의 솥밥에는 고추장을 기본으로 한 고추장 양념장이 두루 잘 어울린다. 모자반톳밥은 구수한 된장 양념으로 비벼 먹어도 맛있는데, 된장 양념장은 된장·조청·참기름 1큰술씩, 통깨 1작은술을 넣고 섞어 만든다.

고사리나물솥밥

부드럽게 불려 만든 고사리나물을 풍성하게 얹으면 별도의 양념장 없이 재료 본연의 맛을 느낄 수 있어 좋고, 입맛에 따라 간장 양념장을 곁들여 먹어도 맛있다.

재료

불린 백미 2컵
채수 1 3/4컵
고사리나물 20g

만드는 법

1. 쌀은 깨끗이 씻어 1시간 정도 불린다.
2. 채수는 기본 만들기를 참고해 끓여 분량만큼 준비한다.
3. 고사리나물은 아래의 만드는 법을 참고해 만든다.
4. 솥에 불린 쌀을 넣고 채수로 밥물을 맞춘다. 위에 고사리나물을 얹고 센 불에서 가열해 밥을 짓는다.
5. 밥이 팔팔 끓으면 불을 확 낮추고 15분 정도 익힌 다음, 불을 끄고 뜸을 들인다.
6. 양념해 볶은 고사리나물로 지은 솥밥은 별도의 양념 없이 그대로 먹는다.

고사리나물 만드는 법

재료 말린 고사리 50g, 물 1/2컵, 통깨 1작은술 ***양념** 집간장·참기름 1큰술씩, 소금 약간

1. 말린 고사리는 끓는 물에 삶는다. 물이 식을 때까지 그대로 두어 부드럽게 만든 다음, 찬물에 여러 번 헹궈 물기를 꼭 짠다.
2. 불린 고사리는 분량의 집간장, 소금, 참기름 양념을 넣고 조물조물 무친다.
3. 달군 팬에 기름을 두르지 않은 채 고사리를 뒤적뒤적 볶다가 물을 붓고 뚜껑을 덮어 푹 익힌다.
4. 고사리나물을 접시에 담고 통깨를 솔솔 뿌려 낸다.

토란튀김덮밥

가을이 제철인 토란은 국이나 탕 등 구수한 국물 요리로 즐긴다. 한편으로 감자와 비슷한 용도로 요리를 만들기 좋은데, 사용하고 남은 토란을 바삭하게 튀겨 덮밥을 만들어도 훌륭한 한 끼 식사가 된다.

재료(1인분)

밥 1공기, 토란 3개(120g), 청 · 홍고추 1/2개씩, 전분 적당량, 튀김 기름 적당량
*비빔 간장 참기름·집간장·조청·배즙 1큰술씩

만드는 법

1. 토란은 장갑을 낀 채 흐르는 물에 깨끗이 씻는다. 쌀뜨물에 소금을 넣고 3분 정도 데쳐 독성을 제거한다.
2. ①을 건져내 껍질을 벗긴 뒤 0.5cm 정도 두께로 먹기 좋게 슬라이스한다.
3. 토란에 전분을 골고루 묻힌 뒤 180℃로 예열한 기름에 노릇하게 튀겨 낸다. 키친타월에 올려 기름기를 뺀다.
4. 청·홍고추는 깨끗이 씻어 씨를 제거하고 곱게 다진다.
5. 그릇에 밥을 담고 튀긴 토란을 올린 뒤 다진 고추를 솔솔 뿌린다.
6. 분량의 재료로 만든 비빔 간장을 곁들여 뿌리거나 비벼 먹는다.

Tip. 쌀뜨물이 없으면 물에 밀가루 1작은술과 소금 약간을 함께 넣고 끓여 사용한다.

모둠버섯튀김덮밥

요즘은 많은 종류의 버섯을 마트에서도 쉽게 구할 수 있으나 실제 구입해 사용하는 것은 몇 가지로 제한된다. 목이버섯 역시 평상시에는 부재료로 사용할 때 이외에는 손이 잘 가지 않는 식재료인데, 바삭하게 튀겨내 덮밥 재료로 올려 먹으면 새로운 향과 식감을 느낄 수 있다.

재료(1인분)

밥 1공기, 말린 표고버섯 3개, 말린 목이버섯 20g, 말린 백목이버섯 20g, 밀가루 1/2컵, 전분 1큰술, 튀김 기름 2컵 *비빔 간장 참기름·집간장·조청·배즙 1큰술씩

만드는 법

1. 말린 표고버섯은 미지근한 물에 불린 뒤 기둥을 떼어내고 물기를 수건으로 눌러 제거해둔다.
2. 말린 흑목이버섯과 백목이버섯도 물에 10분간 불린 뒤 물기를 뺀다.
3. 분량의 밀가루와 전분을 섞어 튀김가루를 만든다.
4. ①, ②의 버섯에 ③의 튀김가루를 골고루 묻혀 180℃로 예열한 튀김 기름에 노릇하게 튀겨낸다. 키친타월에 올려 기름기를 뺀다.
5. 분량의 재료를 한데 넣고 잘 섞어 비빔 간장을 만든다.
6. 그릇에 밥을 담고 튀긴 버섯을 올린다.
7. 비빔 간장을 곁들여 내 뿌리면서 비벼 먹는다.

볶음채소덮밥

냉장고 속 어떤 채소든 좋은 재료가 될 수 있는 실속 만점 건강 덮밥. 준비한 채소들과 밥을 함께 넣고 볶음밥을 만들어 먹어도 맛있다.

재료(1인분)

밥 1공기
사각 유부 2개
당근 20g
브로콜리 20g
표고버섯 1개
청·홍고추 1/2개씩
참기름 1큰술
소금 1작은술

만드는 법

1. 사각 유부는 끓는 물에 두 번 데쳐 기름기를 제거하고, 찬물에 씻어 물기를 꼭 짜낸 다음 곱게 다진다.
2. 당근은 깨끗이 씻어 껍질을 벗긴 뒤 얇게 채 썬다.
3. 브로콜리는 밑동을 자르고 줄기와 송이를 분리한 다음 깨끗이 씻는다. 끓는 소금물에 브로콜리를 넣고 30초 정도 데친 뒤 찬물에 담가 아삭한 식감을 살린다. 데친 브로콜리는 물기를 빼 준비한다.
4. 표고버섯은 깨끗이 닦아 기둥을 떼어낸 뒤 다진다.
5. 청·홍고추는 깨끗이 씻어 씨를 제고하고 송송 썬다.
6. 달군 팬에 참기름 1큰술을 두르고 ①~⑤의 모든 재료를 볶으면서 소금으로 간한다.
7. 그릇에 밥을 담고 볶은 채소를 올려 낸다. 별도의 양념장이 필요한 경우 비빔간장을 곁들여 낸다. (p.165 모둠버섯튀김덮밥의 만들기 참조)

콩고기볶음덮밥

콩단백을 달착지근한 양념에 재운 뒤 냉장고 속 다양한 채소와 함께 볶아 먹는 영양 덮밥. 불고기 양념을 입힌 콩살의 맛이 마치 불고기덮밥을 먹는 느낌을 들게 한다.

재료(1인분)

밥 1공기
콩단백 30g
표고버섯 1개
당근 10g
브로콜리 10g
깻잎 3장

*불고기 양념
집간장 3큰술
배즙 1/2개 분량
참기름 2큰술
조청 1큰술
후춧가루 약간

만드는 법

1. 냄비에 물을 붓고 콩단백을 넣어 끓여 불린 다음, 찬물에서 치대어 부드럽게 만든다.
2. 분량의 재료를 한데 넣고 잘 섞어 콩고기 양념장을 만든다.
3. ①의 콩단백을 양념장에 넣고 버무려 간이 배도록 3시간 이상 재워둔다.
4. 당근은 깨끗이 씻어 껍질을 벗긴 뒤 곱게 채 썬다.
5. 표고버섯은 깨끗이 닦은 뒤 기둥을 떼어내고 채 썬다.
6. 브로콜리는 밑동을 자르고 줄기와 송이를 분리해 깨끗이 씻는다. 끓는 물에 소금 1큰술을 넣고 브로콜리를 넣어 30초 정도 데친 뒤 찬물에 담가 아삭한 식감을 살린다. 물기를 빼고 작은 크기로 썬다.
7. 깻잎은 깨끗이 씻어 채 썬다.
8. ③의 재운 콩단백을 달군 팬에 올려 센 불로 불내 나게 굽는다.
9. 콩고기가 어느 정도 익으면 손질한 모든 채소를 함께 넣고 볶아 익힌다.
10. 그릇에 밥을 담고 볶은 덮밥 재료를 얹어 낸다.

잡채덮밥

음양오행의 원리에 따라 오방색의 조화를 담은 대표 음식. 푸른 고추와 깻잎, 노란 유부, 하얀 당면, 붉은 당근 그리고 검은 표고버섯이 어우러져 신체 기관의 균형과 조화를 돕는다.

재료(2인분)

밥 2공기
당면 120g
사각 유부 2개
당근 30g
풋고추 2개
양배추 20g
깻잎 5장
집간장 · 참기름 · 통깨
1큰술씩
소금 약간

*잡채 양념
채수 2컵
집간장 1큰술
조청 1큰술
참기름 2큰술
사탕수수 원당 1큰술
후춧가루 약간

만드는 법

1. 잡채 양념용 채수를 만든다. 기본 만들기를 참고해 끓여 분량만큼 준비한다.
2. ①의 채수 2컵에 분량의 재료를 넣고 잘 섞어 잡채 양념을 만든다.
3. 채수에서 건진 표고버섯 2개는 물기를 제거하고 기둥을 떼어낸 뒤 얇게 채 썬다. 집간장, 참기름을 넣고 밑간해 팬에 볶는다.
4. 유부는 끓는 물에 두 번 데쳐 찬물에 헹궈 기름기를 뺀다. 물기를 꼭 짜고 채 썰어 집간장, 참기름으로 간한 뒤 팬에 볶는다.
5. 당근은 채 썰어 소금으로 간한 다음, 달군 팬에 참기름을 약간 둘러 볶는다.
6. 풋고추는 깨끗이 씻어 반을 갈라 씨를 제거한 뒤 채 썬다.
7. 양배추와 깻잎은 채 썬 뒤 소금을 넣고 참기름을 약간 두른 팬에 볶는다.
8. 당면은 불리지 않고 바로 끓는 물에 넣어 삶는다. 면이 반투명해지면 찬물에 헹군 뒤 채반에 밭쳐 물기를 뺀다. 팬에 당면과 ②의 잡채 양념 재료를 넣고 20분 정도 충분히 볶는다.
9. 큼직한 볼에 볶은 당면과 ③~⑦의 채소를 함께 넣고 통깨를 솔솔 뿌려 고루 버무린다.
10. 접시에 밥 1공기를 담고 잡채를 푸짐히 올려 낸다.

Tip. 잡채의 주재료인 당면은 기름에 충분히 볶아 윤기가 나고 붇지 않게 주의한다. 20분 정도 볶아 물기가 없어지고 팬에서 당면 튀는 소리가 나면 적당히 볶아진 것이다.

채식자장밥

자장면은 한국에 들어오면서 재탄생한 음식 중 하나로, 라면만큼이나 인기가 높은 데다 이제는 우리나라를 대표하는 음식으로 알려졌다. 춘장과 몇 가지 채소만 있으면 밥과 면에 두루 어울리는 자장 소스를 만들 수 있다.

재료(2인분)

밥 2공기
시판용 춘장 1컵
말린 표고버섯 6개
감자(큰 것) 1개
당근 1/2개
애호박 1개
양배추 1/4개
풋고추 2개
전분 1큰술
올리브유 1/2컵

만드는 법

1. 말린 표고버섯은 물에 불린 뒤 헹궈서 물기를 꼭 짜 채 썬다.
2. 감자와 당근은 깨끗이 씻어 껍질을 벗기고 2cm 정도 크기로 깍둑썰기 한다.
3. 애호박도 깨끗이 씻어 감자, 당근과 같은 크기로 썬다.
4. 양배추는 깨끗이 씻어 한입 크기로 썬다.
5. 풋고추는 깨끗이 씻어 씨를 제거하고 곱게 다진다.
6. 팬에 올리브유를 두르고 가열해 끓기 시작하면 춘장을 넣어 튀기듯이 볶는다. 여기에 손질한 감자와 당근, 버섯을 모두 넣고 함께 볶다가 마지막으로 애호박과 다진 고추를 넣어 익힌다.
7. 전분을 물에 개어 ⑥에 넣고 잘 저으면서 걸쭉한 농도를 맞춘다.
8. 그릇에 밥을 담고 자장 소스를 듬뿍 올려 낸다.

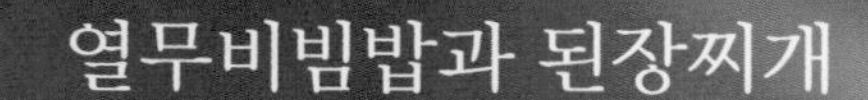

열무비빔밥과 된장찌개

여름철에 자주 담그는 아삭한 열무김치를 밥에 올려 고추장 양념에 비벼 먹는 가장 대중적인 비빔밥. 김치를 담근 뒤 남은 열무로 열무무침을 만들어 비벼도 맛있다. 된장찌개 또는 된장국을 곁들여야 제맛이다.

열무비빔밥

재료(2인분)

밥 2공기, 열무 1단(1kg), 무침 양념(참기름 1큰술, 고춧가루 1큰술, 집간장 2큰술), 소금 2큰술, 단촛물 2큰술, 당근 80g, 무 100g, 콩나물 160g, 표고버섯 2개
*고추장 양념장 고추장 2큰술, 매실청 1큰술, 채수 1작은술, 참기름 1큰술, 통깨 약간

만드는 법

1. 열무는 뿌리 부분을 잘라내고 누런 잎을 솎아낸다.
2. 손질한 열무를 끓는 물에 넣고 줄기가 부드러워지도록 4분 정도 데친다. 찬물에 재빨리 헹궈 체에 밭쳐 물기를 뺀 다음, 먹기 좋게 5cm 정도 길이로 자른다.
3. 분량의 재료를 섞어 만든 무침 양념으로 버무린다.
4. 표고버섯과 당근은 곱게 채 썰어 각각 팬에 기름을 약간 두르고 약하게 소금으로 간해 볶는다.
5. 무는 곱게 채 썰어 고춧가루, 소금, 식초를 넣고 무친다.
6. 손질한 콩나물은 냄비에 넣고 물 2큰술, 참기름 1작은술, 소금 약간을 함께 넣고 뚜껑을 덮어 익힌다.
7. 분량의 재료를 한데 넣고 잘 섞어 고추장 양념장을 만든다.
8. 그릇에 밥을 담고 열무무침을 올린 뒤 양념장을 곁들여 낸다.

된장찌개

재료 두부 1/2모, 애호박 1/2개, 감자 1개, 풋고추 2개, 홍고추 1개, 된장 2큰술, 채수 4컵

만드는 법

1. 국물용 채수는 기본 만들기를 참고해 끓여 분량만큼 준비해둔다.
2. 두부, 애호박, 껍질 벗긴 감자, ①에서 건진 표고버섯 2개는 각각 1cm 크기로 깍둑썰기 한다.
3. 청·홍고추는 깨끗이 씻어 씨를 제거하고 어슷썰기 한다.
4. 냄비에 채수 4컵을 붓고 준비한 두부, 감자, 표고버섯을 넣어 끓이기 시작한다. 재료가 반쯤 익으면 된장을 풀고 애호박과 청·홍고추를 넣어 한소끔 더 끓인다.

채식김밥

일명 절집 김밥. 발아현미밥으로 싸면 더욱 건강한 맛을 즐길 수 있고, 일반 김밥처럼 햄맛을 첨가하고 싶다면 콩햄 제품을 이용해도 좋을 것이다.

재료(4줄 분량)

불린 백미 2컵
김밥 김 4장
사각 유부 4개
우엉(중간 크기) 1/2개
당근 1/3개
김밥용 단무지 4줄
시금치 1/3단
표고버섯 4개
참기름 2큰술
집간장 2큰술
소금 1큰술
통깨 1작은술

*우엉 조림 간장
채수 1/2컵
간장 2큰술
조청 1큰술

만드는 법

1. 백미는 씻어 1시간 정도 불린 뒤 고슬하게 밥을 짓는다.
2. 유부는 끓는 물에 두 번 데쳐 기름기를 제거한 뒤 물기를 꼭 짠다. 1cm 두께로 썰어 참기름과 집간장을 넣고 조물조물 주물러 밑간한 다음, 달군 팬에 포슬포슬하게 볶는다.
3. 우엉은 껍질을 벗겨 0.5cm 두께, 김 길이로 썬다. 분량의 채수에 간장과 조청 1큰술을 섞어 만든 조림장에 우엉을 넣고 물기가 졸아들 때까지 조린다.
4. 껍질 벗긴 당근은 0.5cm 두께로 길게 썰어 끓는 물에 데친다. 달군 팬에 참기름을 약간 두르고 소금으로 살짝 간해 볶는다.
5. 시금치는 밑동을 자르고 먹기 좋은 크기로 갈라 깨끗이 씻는다. 끓는 물에 소금을 약간 넣고 데친 다음, 찬물에 헹궈 물기를 꼭 짜 집간장 1작은술, 참기름 1큰술, 통깨 1작은술을 넣고 조물조물 무친다.
6. 김밥용 단무지는 물에 한 번 씻어둔다.
7. 표고버섯은 깨끗이 닦은 뒤 기둥을 떼어낸다. 1cm 두께로 썰어 집간장과 참기름으로 밑간한 다음, 달군 팬에 기름을 약간 두르고 볶는다.
8. 김발 위에 김을 깔고 밥을 얹고 재료를 올려 돌돌 말아 썰어 낸다.

취나물주먹밥

생취를 듬뿍 넣어 지은 밥에 각종 채소
재료를 버무려 만든 주먹밥.

재료(1인분)

불린 백미 2컵
취나물 150g
말린 표고버섯 2~3개
당근 40g
두부 1/2모
집간장 · 참기름 · 들기름 ·
소금 적당량씩

만드는 법

1. 취나물은 질긴 줄기를 잘라내고 시든 잎을 떼어낸 뒤 깨끗이 씻어 곱게 다진다.
2. 쌀은 1시간 정도 불려 솥에 안치고 물을 맞춰 센 불에서 밥을 짓는다. 끓어오르면 불을 줄이고 ①의 다진 취나물을 넣은 다음, 뚜껑을 덮고 중약불에서 천천히 밥을 짓는다. 끓으면 약불로 10분 정도 뜸을 들여 밥을 완성한다.
3. 말린 표고버섯은 물에 불린 뒤 물기를 꼭 짜고 기둥을 떼어내어 곱게 다진 다음, 집간장과 참기름으로 밑간해 볶아둔다.
4. 껍질 벗긴 당근은 곱게 다져 소금으로 밑간한 뒤 달군 팬에 살짝 볶는다.
5. 두부는 끓는 물에 데쳐 으깨면서 물기를 꼭 짜고 소금, 참기름으로 밑간한다. 팬에서 수분을 날리면서 볶아준다.
6. 완성한 취나물밥에 준비한 표고버섯, 당근, 두부를 넣고 잘 섞는다. 이때 소금으로 간을 맞춘다.
7. 동글동글하게 빚어 주먹밥을 만든다.

연근표고주먹밥

밥솥에 남은 밥과 상비 채소를 이용해 바로 만들 수 있는 한입 크기 주먹밥.

재료(1인분) 밥 1공기, 연근 50g, 당근 20g, 표고버섯 1개, 풋고추 1/2개, 참기름 · 소금 약간씩

만드는 법

1. 연근은 깨끗이 씻어 껍질을 벗기고 얇게 슬라이스한 다음 곱게 다진다.
2. 당근은 껍질을 벗겨 곱게 다진다.
3. 표고버섯은 깨끗이 닦아 기둥을 떼어낸 뒤 곱게 다진다.
4. 볼에 ①~③의 재료를 넣고 참기름과 소금으로 간한다.
5. 달군 팬에 ④를 넣고 센 불에서 볶는다.
6. ⑤에 밥 1공기를 넣고 잘 섞는다.
7. 밥이 조금 식으면 따뜻할 때 한입 크기 주먹밥으로 동글동글하게 빚는다.

호박잎견과류쌈밥

여름철 입맛 없을 때 찐 호박잎에 쌈을 싸서 먹으면 식욕을 돋우는 건강 별미밥이 된다.

재료
(10개 분량)

밥 1공기, 호박잎 10장, 견과류(땅콩, 호박씨, 해바라기씨 등) 1큰술, 소금 약간, 참기름 1작은술 *초고추장 된장 1큰술, 고추장 1큰술, 참기름 1큰술, 통깨 1작은술, 조청 1작은술, 식초 1큰술

만드는 법

1. 호박잎은 줄기 끝부분을 꺾어 줄기의 껍질과 질긴 부분을 벗겨낸다. 물에 담가 가볍게 주물러 씻는다.
2. 물기를 가볍게 턴 호박잎을 찜기에 켜켜이 올려 6~7분 정도 찌고 그대로 1~2분 정도 뜸 들인다. 찬물에 헹궈 물기를 빼둔다.
3. 분량의 재료를 한데 넣고 잘 섞어 쌈장을 만든다.
4. 취향대로 준비한 견과류는 잘게 다진다. 볼에 밥 1공기를 담고 견과류와 소금, 참기름을 넣어 잘 섞은 다음 동글동글하게 뭉친다.
5. 호박잎 한 장을 펴놓고 뭉친 밥을 올린 다음 쌈장을 적당히 얹는다. 보자기로 여미듯이 호박잎으로 밥을 감싸 모양을 낸다. 여분의 쌈장을 곁들여 낸다.

Tip. 섬유소가 풍부하고 열량이 낮은 호박잎은 줄기가 질기지 않고 어린순이 달린 것이 연하다. 보통 작은 잎을 찜통, 또는 밥솥에 살짝 쪄내는데, 물기가 너무 많으면 축 늘어져 식감과 맛이 떨어진다.

장아찌주먹밥

우리가 즐겨 먹는 장아찌는 김치만큼이나 만들기 쉽고 항상 갖춰두고 먹을 수 있으며, 밥을 비롯한 다양한 동서양 음식과도 두루 잘 어울리는 저장 식품이다. 특히 재료가 발효되는 과정을 거치며 영양소가 새롭게 생성되는 반면 독성은 없앤다. 우리가 섭취할 수 있는 모든 산야초의 뿌리, 줄기, 잎과 열매 등이 장아찌의 재료가 되며 채소가 지닌 특성에 따라 제각기 다양한 맛을 지닌다. 본래 장아찌는 6개월 이상 장독에 숙성시켜 먹는 음식으로 '장독 발효'를 해 장아찌라 한다. 따라서 6개월 숙성 전에 먹는 것은 절임 음식으로 분류한다. 금수암에서는 장아찌를 1년 이상 숙성한 뒤 먹는다.

*** 두릅장아찌**
이른 봄 두릅나무의 새순으로 만드는 장아찌다. 숙성이 되면 그대로 먹거나 갖은 양념에 무쳐 먹는 등 두고두고 맛있게 즐길 수 있다.

***산초장아찌**
너무 익지 않은 산열매 산초를 꼭지까지 따서 간장에 끓여낸 종류로, 뒷맛이 강하며 특유의 새콤한 맛은 없던 입맛도 돌려준다.

***무말랭이장아찌**
말린 무는 쉽게 구할 수 있지만 반찬 만들고 남은 무를 썰어 조금씩 말려두면 장아찌 만드는 데 요긴하게 사용된다.

3종류 장아찌주먹밥

재료(각 2~3개 분량)

밥 1공기
장아찌(두릅, 산초, 무말랭이)
각 30g씩
참기름 적당량

만드는 법

1. 두릅과 산초, 무말랭이 장아찌는 각각 옆 페이지의 만드는 법을 참고해 준비한다.
2. 밥에 장아찌 속재료를 넣고 버무린 다음, 참기름을 적당히 넣고 뭉쳐 모양 틀에 찍어낸다. 모양 틀이 없으면 손으로 동글동글하게 빚어도 상관없다.

두릅장아찌

재료

두릅 2kg, 집간장 2컵, 조청 2컵, 물 10컵, 소금 적당량

만드는 법

1. 두릅은 딱딱한 밑동을 칼로 자르고 줄기의 가시는 칼등으로 긁어 제거한다. 너무 큰 것은 밑동에 칼집을 넣어 반으로 쪼개 사용한다. 깨끗이 씻어 물기를 빼둔다.
2. 냄비에 물 10컵을 붓고 분량의 집간장과 조청을 넣은 다음, 팔팔 끓여 간장물을 만든다.
3. 저장 용기에 물기 뺀 두릅을 담고 ②의 간장물을 붓는다.
4. 5일이 지나면 간장물을 따라내고 간장물을 다시 한 번 끓여 부어준다. 6개월 정도 그대로 숙성시킨 뒤 먹는다.

산초장아찌

재료

풋산초 2kg, 소금물 적당량, 집간장 2컵, 조청 2컵, 물 10컵

만드는 법

1. 풋산초는 가시가 붙은 줄기는 잘라내고 알갱이만 딴다. 소금을 푼 물에 2일간 담가 우린다.
2. ①의 우린 산초를 찬물에 2시간 정도 담가 소금기를 빼고, 채반에 밭쳐 물기를 뺀다.
3. 냄비에 물 10컵을 붓고 분량의 집간장과 조청을 넣고 팔팔 끓여 간장물을 만든다.
4. 물기 없게 말린 산초를 저장 용기에 넣고 ③의 간장물을 붓는다. 3일이 지나면 간장물을 따라내고 간장물을 다시 한 번 끓여 부어준다. 3개월 정도 그대로 숙성시킨 뒤 먹는다.

무말랭이장아찌

재료

무말랭이 1kg, 집간장 2컵, 사탕수수 원당 1컵, 조청 1컵, 물 10컵

만드는 법

1. 무말랭이는 시판용 제품을 구입하거나, 또는 무를 1×7cm 정도 크기로 썰어 가을볕에 10일 정도 말린 뒤 사용한다.
2. 무말랭이는 흐르는 물에 두 번 정도 깨끗이 헹군 뒤 채반에 밭쳐 물기를 뺀다.
3. 냄비에 물 10컵을 붓고, 분량의 집간장과 사탕수수 원당, 조청을 넣은 뒤 팔팔 끓여 간장물을 만든다.
4. 저장 용기에 물기 뺀 무말랭이를 담고 ③의 간장물을 부어 잘 버무린다. 2주 정도 숙성시킨 뒤 먹기 시작한다.

현미버섯죽과 우엉조림

가장 기본이 되는 영양죽으로 지친 몸에
원기를 회복하며 맛이 부드럽고 소화도 잘된다.
밑반찬으로 우엉조림을 곁들이면 잘 어울린다.

현미버섯죽

재료

불린 현미 1/2컵, 물 3컵, 버섯(표고버섯, 느타리버섯, 양송이버섯, 팽이버섯 등) 각 20g, 집간장 1큰술

만드는 법

1. 현미는 깨끗이 씻어 하룻밤 정도 충분히 불린 다음, 손으로 치대면서 여러 번 헹궈 쌀물을 뺀다.
2. 불린 현미를 냄비에 담고 물 3컵을 붓고 뚜껑을 덮어 중간 불에서 푹 끓인다.
3. 표면을 깨끗이 닦아 기둥을 떼어낸 표고버섯과 양송이버섯, 씻어 밑동을 잘라낸 느타리버섯은 0.5~0.6cm 크기로 자른다. 팽이버섯은 씻어 밑동 부분을 자르고 잘게 가른다.
4. 현미가 어느 정도 익어 쌀알이 퍼지기 시작하면 손질한 버섯을 모두 넣고 잘 섞어 한소끔 끓인다.
5. ④가 다시 끓어오르면 집간장을 넣어 간을 맞춘다. 고루 저어 그릇에 담아 낸다.

우엉조림

재료

우엉 1대 *조림 양념 참기름 · 집간장 · 조청 1큰술씩, 물 3컵

만드는 법

1. 우엉은 깨끗이 씻어 껍질을 벗기고 어슷 썬다.
2. 달군 팬에 물 3컵을 붓고 우엉과 함께 분량의 집간장, 참기름을 넣어 센 불에서 끓인다.
3. ②가 끓기 시작하면 불을 줄이고 간장물이 거의 없어질 때까지 30분 정도 푹 졸인 다음, 마지막에 조청을 넣고 버무린 뒤 불을 끈다.

Tip. 채소 조림은 많은 양을 만들수록 조리는 시간도 오래 잡는다. 절에서는 일반적으로 우엉 1관(5kg)을 4시간 정도 졸여 완성한다.

녹두죽과 무말랭이장아찌

녹두는 심장에 열이 있을 때 열기를 빼주는 곡물로 특히 가슴이 답답할 때 유효한 재료다. 녹두죽을 쑬 때에는 녹두와 쌀 비율을 2:1 정도로 하면 적당하다. 녹두의 톡톡 씹히는 식감을 즐길 수 있으며, 무말랭이장아찌를 곁들이면 짭조름한 맛과 식감이 한층 산다.

녹두죽

재료 불린 녹두(거피한 것) 1컵, 불린 백미 1/2컵, 물 9컵, 소금 약간

만드는 법

1. 마른 녹두는 4시간 이상 충분히 불려 씻어둔다.
2. 쌀은 1시간 이상 불린 다음 손으로 치대면서 쌀알을 부스러지게 만들고, 여러 번 헹궈 쌀물을 뺀다.
3. 불린 녹두와 쌀을 냄비에 담고 5배 분량의 물(9컵)을 부은 뒤 중간 불에서 푹 끓인다.
4. 쌀알이 익으면서 ③이 끓어오르면 소금을 넣고 간을 맞춘다. 고루 저어 그릇에 담아 낸다.

Tip. 거피한 녹두가 아닌 경우에는 불린 뒤 여러 번 비벼 씻어 껍질이 깨끗하게 제거될 때까지 씻는다.

무말랭이장아찌

만드는 법 장아찌주먹밥의 무말랭이장아찌 만드는 법(p.187)을 참고해 만든다.

아욱죽과 아욱국

가을 채소의 으뜸인 아욱은 줄기가 연해 국이나 죽을 끓여 먹기에 안성맞춤인 식재료다. 아욱 역시 성질이 차 열을 내리거나 신경통이 있는 사람이 즐겨 먹으며 사랑받아온 음식이다. 섬유질이 풍부한 가을 아욱은 해독 작용 또한 뛰어나며, 아욱 점액질의 다당류 성분은 항산화와 항염 작용에도 두루 효과가 있다.

아욱죽

재료 아욱 100g, 불린 백미 1/2컵, 채수 2컵, 들기름 1큰술, 집간장 1큰술, 들깻가루 1큰술

만드는 법

1. 채수는 기본 만들기를 참고해 끓여 분량만큼 준비한다.
2. 쌀은 깨끗하게 씻어 3시간 정도 충분히 불린다.
3. 불린 쌀은 손으로 치대면서 쌀알을 부스러지게 만들고 여러 번 헹군다. 쌀물은 뜨물처럼 만들어 사용한다.
4. 부드럽고 연한 아욱은 그대로 사용한다. 억센 경우 줄기를 꺾어 얇은 껍질을 벗긴 다음 4~5등분한다. 볼에 물과 함께 소금을 약간 넣고, 녹색 물이 빠질 때까지 손으로 주물러가며 씻는다.
5. 냄비에 쌀을 넣고 채수 2컵과 들기름, 집간장을 넣고 중간 불에서 푹 끓인다.
6. 쌀알이 익으면서 끓어오르기 시작하면 손질한 아욱을 넣고 다시 한소끔 끓인 뒤 불을 줄인다.
7. ⑥에 들깻가루를 넣고 고루 저으면서 마저 익힌 다음 그릇에 담아 낸다.

아욱국

재료

아욱 100g, 표고버섯 1개, 들기름 1/2작은술, 채수 3컵, 된장 1큰술, 고추장 1/2큰술, 집간장 1작은술, 들깻가루 1큰술, 소금 약간

만드는 법

1. 국물용 채수는 기본 만들기를 참고해 끓인 뒤 분량만큼 준비한다.
2. 부드럽고 연한 아욱은 그대로 사용한다. 억센 경우 줄기를 꺾어 얇은 껍질을 벗긴 다음 4~5등분한다. 볼에 물과 함께 소금을 약간 넣고, 녹색 물이 빠질 때까지 손으로 주물러가며 씻는다.
3. ②를 찬물에 헹궈 물기를 꼭 짠 뒤 분량의 된장, 고추장을 넣어 조물조물 버무려 무친다.
4. 표고버섯은 깨끗이 닦은 뒤 기둥을 떼어내고 채 썬다.
5. 달군 냄비에 들기름을 두르고 채수 1/2컵을 붓는다. ②~④를 넣고 뒤적거리면서 익힌다.
6. ⑤가 익으면 나머지 채수를 붓고 끓인다. 한소끔 끓으면 집간장과 들깻가루를 넣고 1분 정도 더 끓여 완성한다.

잣죽

고소하고 부드러운 맛이 일품인 영양죽. 2~3일 먹을 양을 넉넉하게 만들어 아침 식사로 챙겨 먹으면 하루가 든든하다.

재료 잣 1/2컵, 불린 백미 1컵, 물 6컵, 소금 약간

만드는 법

1. 잣은 고깔을 제거하고 곱게 다진다.
2. 불린 쌀은 손으로 치대면서 쌀알을 부스러지게 만들고 여러 번 헹군다. 쌀물은 뜨물처럼 만들어 사용한다.
3. ②의 쌀알이 부서지면 냄비에 쌀과 분량의 물을 붓고 끓이기 시작한다.
4. ③이 끓기 시작하면 다진 잣을 넣고 불을 낮춘 다음, 15분 정도 저으면서 넘치지 않게 끓인다.
5. 마지막에 소금으로 간한다.

Tip. 소금은 상에 올리기 직전에 넣어 간만 맞춰야 죽이 삭아 풀어지지 않는다.

밤죽

밤 속껍질의 좋은 영양 성분까지 함께 섭취할 수 있는 맛있는 보양죽.

재료 밤 5알, 불린 백미 1/2컵, 물 2컵, 소금 약간

만드는 법

1. 냄비에 물을 붓고 밤을 껍질째 삶는다.
2. 쌀을 불린 뒤 손바닥을 이용해 여러 번 치대면서 씻는다.
3. ②의 쌀알이 부서지면 냄비에 넣고 물 2컵을 부어 센 불에서 끓이기 시작한다.
4. ③이 끓기 시작하면 불을 낮추고, 뚜껑을 덮어 15분 정도 익힌다.
5. 삶은 밤은 반으로 잘라 작은 스푼으로 밤 알맹이를 꺼내 모은다.
6. ④의 죽에 밤을 넣고 마저 익힌다.

Tip. 위가 좋지 않은 사람은 소화 기능이 떨어지며 음식을 섭취할 때마다 통증을 느껴 식사가 힘들다. 밤을 껍질째 굽거나 삶아 껍질을 벗긴 뒤 밤 알맹이를 이용해 죽이나 기타 음식을 만들면, 위 점막을 보호하는 기능이 있어 심한 위경련 환자도 쉽게 먹을 수 있다.

갱죽

갱죽은 지방에 따라 다양한 재료가 들어가나 익은 김치와 콩나물, 시래기 등을 숭숭 썰어 넣고 끓이는 것이 일반적이다. 제사 때 올리는 국이라는 뜻의 갱羹이라는 한자에서 비롯되었으며 국과 죽의 중간쯤 되는 음식이다. 먹다 남은 찬밥을 그대로 넣고 죽처럼 끓이기도 해 '김치국밥'이라는 이름으로 불리기도 한다.

재료

콩나물 1봉지
불린 백미 1컵
잘게 썬 익은지 1컵
김칫국물 2컵
물 3컵
소금 약간

만드는 법

1. 쌀은 3시간 이상 충분히 불린다.
2. 콩나물은 껍질과 지저분한 뿌리 부분을 제거하고 깨끗이 씻어 채반에 담아 물기를 뺀다.
3. 익은지는 소를 털어내고 잘게 썬다.
4. 김칫국물도 따로 준비해둔다.
5. 냄비에 불린 쌀을 넣고 물 3컵을 부어 끓인다.
6. ⑤가 끓기 시작하면 준비한 익은지와 콩나물을 넣는다.
7. ⑥이 끓으면 김칫국물을 붓고 불을 낮춘 다음, 가운데에서 기포가 올라올 때까지 가끔씩 저어주며 끓인다.
8. 배추와 콩나물이 아삭하게 씹힐 정도로 익으면 불을 끄고, 마지막에 소금으로 간을 맞춘다.

Part 3

한국인이 가장 즐겨 먹는 채식 밥상 음식

절집 음식 그리고 채소밥은 오래전부터 우리 조상들이 먹던 음식과 다를 바 없으며 특별한 양념이나 재료, 복잡한 조리법도 찾아볼 수 없다. 자연에서 얻은 식재료에 자연의 맛을 가볍게 가미해 무치거나 볶고, 삶고 끓일 뿐이다. 자연의 맛과 향을 한 그릇 음식 안에 오롯이 담는다. '소박하고 담백하다'는 표현이 가장 적절하지만, 한편으로 재료를 어떻게 조리하는가에 따라 풍미 자체가 한층 깊어지기도 한다. 이번 장에서는 한 끼 밥상의 주가 되는 음식부터 밑반찬까지, 우리가 철마다 때마다 그리고 매일 일상에서 즐겨 먹는 메뉴들을 모아 소개해본다. 이들은 물론 내가 가장 좋아하고 잘 만드는 음식이되 한국을 대표하는 건강식이기도 하다. 단지 채식 요리라는 의미에서 일반적으로 넣는 각종 양념과 향신료는 사용하지 않는 절집 밥상의 순리를 따른 것이 특징이다. 신선한 채소와 간장, 된장, 고추장, 소금의 기본 양념만으로 매우 간단하면서도 자연 본연의 맛을 보다 깊이 느낄 수 있게 만들었다.

오행 음식과 밥상

인간은 자연과 함께 호흡하며 산다. 부처님께서 말씀하신 것처럼 인간의 몸은 한 나라와 같이 이루어져 있다. 몸은 자연스러운 생명력을 담고 있으며 하나의 거대한 우주와도 같다는 의미다. 이렇듯 소우주와 같은 우리 몸은 크게 지地, 수水, 화火, 풍風의 사대로 구성되었다. 사대는 '화엄경'의 하나 속에 모든 것이 다 들어 있고, 모든 것 속에 하나가 들어 있다는 '일즉다 다즉일一卽多 多卽一'처럼 유기적 연계성을 지닌다. 또 하나가 곧 일체요, 일체가 하나라는 '일즉일체다즉일一卽一切多卽一'과도 같이, 우리의 모든 것은 연결되어 있고 연결되어 있는 것은 어느 하나도 온전하지 않은 게 없으며 어느 하나도 나눠 생각할 수 없다는 뜻이 담겼다.

지, 수, 화, 풍의 사대는 기본이 되는 거친 물질이다. 우리의 몸과 마음 그리고 먹는 모든 음식은 바로 이 물질로 이뤄져 있다. 이러한 몸과 마음은 원형의 순환 궤도로 설명되는데, 이것이 바로 목木, 화火, 토土, 금金, 수水의 오행인 것이다. 오행은 '삼라만상이 상생 상극하면서 순환한다'는 사유 체계인 만큼 상황에 따라 지혜롭게 해석할 줄 알아야 한다. 몸은 마음에 의지하고 마음은 몸에 의지해 일어나기 때문에 무엇 하나도 제대로 다스려지지 않으면 고통스러운 삶에서 벗어나기 어렵다. 마찬가지로 우리가 먹는 음식들도 모두 '사대'와 '영양소'로 결합되어 있다. 따라서 오행 밥상은 몸과 마음을 이롭게 하는 연결의 끈으로 강하게 이어져 있는 것이다.

오행은 청靑, 적赤, 황黃, 백白, 흑黑이라는 색으로 발현되는데, 이것을 '오장육부'로 보자면 각각 간장·담장, 심장·소장, 비장·위장, 폐장·대장, 신장·방광에 해당한다. 또 이들은 신맛, 쓴맛, 단맛, 매운맛, 짠맛에 해당하는 다섯 가지 맛으로 대표되는 한편 봄, 여름, 중앙(중간), 가을, 겨울의 계절로 표현하기도 한다. 그러나 이러한 특성은 단순한 도식적 논리로 익히는 것이 아닌, 우리의 유연성과 조화로움이 담긴 통찰적 지혜로 이해해야 할 것이다.

오행과 우리가 섭취하는 음식 간의 관계를 알기 쉽고 간략하게 정리해본다.

우리가 먹는 음식은 물론이고 우리 몸과 정신 또한 지地, 풍風, 화火, 수水의 사대로 이뤄졌다. 이러한 인간의 심신을 목木, 화火, 토土, 금金, 수水라는 원형의 순환 궤도로 설명한 것이 '오행五行'으로, 삼라만상이 상생상극相生相剋하면서 순환한다는 사유 체계임을 이해하고 잘 해석해야 한다. 특히 음식이 사대와 영양소의 결합으로 이뤄진 만큼, 오행을 균형적으로 갖춰 만든 음식과 차려 낸 밥상이야말로 몸과 마음에 이로움을 줄 것이다. 오행의 목, 화, 토, 금, 수는 청靑, 적赤, 황黃, 백白, 흑黑이라는 다섯 가지 색으로 발현된다. 이는 우리 몸의 오장육부와 연결되어 있는 한편, 신맛, 쓴맛, 단맛, 매운맛, 짠맛의 '다섯 가지 맛'을 지닌다. 오행과 식재료에 대한 상응성에 대해 간략하게 언급하면 다음과 같다.

목은 봄이고 초록으로 대표되며 원기를 회복하는 '상승의 힘'을 지닌다. 녹색 식물을 새콤한 나물로 무쳐 먹으면 간 기능을 돕고 눈 건강에도 효과가 있다. 화는 여름이고 활기와 정열의 분출을 뜻하며, 몸의 열기 발산을 위한 매운맛이 특징이다. 불을 상징하는 붉은색의 음식은 안토시아닌 성분이 풍부해 항산화와 혈관 질환 예방 효과가 있다. 또 대표 식재료인 토마토의 라이코펜 성분은 신장 질환과 폐암 등의 예방, 치

료에 효과적이다. 토는 조화롭고 묵묵한 흙의 성질이며 계절로는 사계절의 중심축에 속한다. 조화의 색, 노란색을 띠는 대표적인 식재료는 단맛을 지닌 고구마, 호박, 당근과 오렌지 등이 있으며 베타카로틴 성분이 풍부하다. 특히 이들은 항염 작용이 뛰어나 몸의 면역체계를 바로잡으며 항암 효과도 뛰어나다. 금은 풍요와 결실의 계절 가을이고, 뿌리채소이자 흰색의 식재료에 상응한다. 마, 연근과 우엉, 감자와 무, 더덕, 흰콩 등이 대표적이며 이들은 폐와 대장, 기관지의 원활한 기능을 돕는다. 특히 마나 토란의 끈적한 성분을 잘 섭취하면 피부 보습 효과도 챙길 수 있다. 마지막으로 수는 겨울, 검은색에 상응하며 쉼, 성찰, 비움 등의 의미를 지닌다. 맛으로는 짠맛에 해당하며 신장과 방광 기능을 담당한다. 신장에 좋은 검은 음식으로는 검은콩·검은깨·다시마·표고버섯 등이 대표적이며, 신장 기능이 좋아지면 탈모 증상에도 효과가 있어 현대인이 꼭 챙겨 먹어야 할 식재료다.

우리 전통 음식에 깃든 조화로움과 맞닿은 식재료의 사용 그리고 오행 밥상으로 하루 한 끼만 잘 차려 먹으면 몸과 마음이 한층 개운하고 건강해질 수 있다.

오행떡국

오행의 오색五色을 반영한 채소 재료를 넣어 끓인 절집 떡국. 사골국 대신 채수로 낸 맑고 깊은 국물 맛이 건강함을 느끼게 한다.

재료(2~3인분)

떡국 떡 2컵
시금치 50g
사각 유부 4개
당근 30g
은행 3~4알
밤 2알
참기름 1큰술
집간장·소금 약간씩

*채수(국수 국물)
말린 표고버섯 30g
다시마 30g
물 7컵
집간장 2큰술

만드는 법

1. 물 7컵에 말린 표고버섯과 다시마를 넣고 7분간 끓인다. 건더기를 건져내고 집간장을 넣어 1분간 더 끓여 채수를 만든다.
2. 떡국 떡은 찬물에 담가 불린다.
3. 유부는 끓는 물에 두 번 데쳐 기름기를 제거한 뒤 헹궈 물기를 꼭 짠다. 채 썰어 집간장과 참기름으로 밑간해 팬에 살짝 볶는다.
4. 시금치는 밑동을 다듬고 잎을 손질해 깨끗이 씻어 물기를 뺀 다음 2~3cm로 썬다.
5. ①의 채수에서 건져낸 표고버섯은 곱게 채 썰어 집간장, 참기름으로 밑간한 다음 팬에 볶는다.
6. 당근은 깨끗이 씻어 껍질을 벗긴 뒤 곱게 채 썬다.
7. 삶은 밤은 편으로 썰고, 은행은 마른 팬에 볶아 껍질을 벗겨둔다.
8. 냄비에 ①의 채수를 넣고 끓이다가 떡을 넣는다. 끓으면 유부, 버섯, 당근을 넣는다.
9. 국물이 한소끔 끓으면 시금치, 밤, 은행을 넣고 끓여 완성한다. 싱거우면 소금으로 간을 맞춘다.

호박잎수제비

호박잎이 나는 제철에 맛볼 수 있는 별미 수제비.
평소에 채수와 애호박, 감자를 이용해 간편하게 끓여 먹기에도 좋다.

재료(2~3인분)

호박잎 50g
애호박 30g
감자 1개
청·홍고추 1개씩
소금 적당량
참기름 약간

*채수(국수 국물)
말린 표고버섯 30g
다시마 30g
물 7컵
집간장 1큰술

*수제비 반죽
우리밀 밀가루 1컵
전분 1큰술
소금 1/2작은술
물 2/3컵

만드는 법

1. 물 7컵에 말린 표고버섯과 다시마를 넣고 7분간 끓인다. 건더기를 건져내고 집간장을 넣어 1분간 더 끓여 채수를 만든다.
2. 볼에 분량의 밀가루, 전분, 소금을 넣고 물을 부으면서 잘 섞어 반죽을 되직하게 만든다. 손으로 치댄 반죽 덩어리를 비닐봉지에 담아 냉장고에서 1시간 정도 숙성시킨다.
3. 호박잎은 줄기 끝부분을 꺾어 줄기의 껍질과 질긴 섬유소질을 벗겨낸다. 물에 담가 가볍게 주물러 씻는다. 물기를 턴 뒤 손으로 비틀어 으스러뜨리며 자른다.
4. 감자는 깨끗이 씻어 껍질을 벗겨 도톰하고 납작하게 썬다.
5. 표고버섯은 표면을 깨끗이 닦고 기둥을 떼어낸 뒤 도톰하게 채 썬다.
6. 애호박은 깨끗이 씻어 얇은 반달 모양으로 썬다.
7. 청·홍고추는 깨끗이 씻어 씨를 제거하고 어슷 썬다.
8. 냄비에 ①의 채수를 붓고 끓인다. 국물이 끓으면 감자를 넣고 ②의 반죽을 먹기 좋은 크기로 떼어 넣는다.
9. 국물이 한소끔 끓으면 애호박과 표고버섯, 고추를 넣는다. 마지막으로 호박잎을 비벼 넣고 끓인다.
10. 싱거우면 소금으로 간을 맞추고, 참기름을 약간 넣어 완성한다.

나물비빔밥

동서양을 막론하고 세계적으로 인기 높은 한식 건강 채소밥. 음양오행의 섭리에 따른 나물을 정성껏 올려 한 그릇 속에 온전한 영양을 담는다.

재료(2인분)

밥 2공기
시금치 1/2단
취나물 100g
당근 80g
도라지 100g
콩나물 150g
표고버섯 3개
참기름·집간장·소금 적당량씩

*고추장 양념장
고추장 2큰술
조청 1큰술
채수 1작은술
통깨 약간

만드는 법

1. 시금치는 지저분한 부분을 다듬은 뒤 먹기 좋은 크기로 가른다. 취나물은 질긴 줄기를 잘라낸다. 손질한 시금치, 취나물을 깨끗이 씻어 끓는 물에 소금을 약간 넣고 데친다. 찬물에 헹궈 물기를 꼭 짠 다음, 참기름과 집간장을 적당히 넣어가며 조물조물 무친다.
2. 당근은 깨끗이 씻어 껍질을 벗긴 뒤 곱게 채 썬다. 달군 팬에 기름을 약간 두르고 소금간을 살짝 해 볶는다.
3. 도라지는 깨끗이 씻어 껍질을 돌려깎기 한다. 먹기 좋은 길이로 어슷 썬 뒤 곱게 채 썰고, 참기름과 소금으로 간한 뒤 달군 팬에 기름을 약간 두르고 볶는다.
4. 콩나물은 흐르는 물에 깨끗이 씻어 지저분한 꼬리를 떼어내고 손질한다. 팬에 물 3큰술, 참기름 1큰술, 소금 약간을 넣고 콩나물을 넣은 다음 뚜껑을 덮어 익힌다.
5. 표고버섯은 깨끗이 닦아 기둥을 떼어내고 채 썬다.
6. 분량의 재료를 한데 넣고 잘 섞어 고추장 양념장을 만든다.
7. 그릇에 밥 1공기를 담고 위에 준비한 나물들을 정갈하게 돌려 얹는다. 고추장 양념장을 곁들여 비벼 먹는다.

Tip. 시금치 뿌리의 붉은색 부분에는 맛 성분이 풍부하게 담긴 만큼, 굵은 뿌리는 완전히 잘라내지 말고 지저분한 곳만 다듬어 최대한 활용하면 좋다,

김치찌개

한 주에 한 번 이상은 챙겨 먹기 마련인 김치찌개를 뒷맛에 텁텁함 없이 깔끔하게 끓이는 방법이다. 채수와 맛있는 김치 1포기만 있으면 별다른 맛내기 재료와 양념이 전혀 필요 없다.

재료

익은 김치 1포기
두부 200g
표고버섯 1개
만가닥버섯 20g
채수 4컵
참기름 1큰술

만드는 법

1. 채수는 기본 만들기를 참고해 끓인 뒤 분량만큼 준비한다.
2. 김치는 포기를 2등분해 자른다.
3. 두부는 사방 3 × 4cm 크기로 큼직하게 썬다.
4. 표고버섯은 깨끗이 닦아 기둥을 떼어내고 굵게 채 썬다.
5. 만가닥버섯은 밑동을 잘라내고 다듬어 물에 씻은 뒤 물기를 뺀다.
6. 냄비에 채수 4컵을 붓고 참기름을 넣는다. 큼직하게 썬 김치와 두부를 넣고 끓이기 시작한다.
7. ⑥이 끓기 시작하면 불을 줄여 약한 불에서 20분간 더 끓인다. 마지막에 만가닥버섯을 넣고 익을 때까지 끓인다.

콩나물김칫국

잘 익은 김치 하나만 있으면 손쉽게 만들 수 있는 시원한 기본 국. 김치 자체에서 우러난 국물이 개운한 맛을 내고, 여기에 고춧가루를 첨가해 얼큰함까지 더한다.

재료

콩나물 1봉지(250g), 자른 익은지 1컵 분량, 김칫국물 1컵, 물 3컵, 고춧가루 1큰술, 소금 약간

만드는 법

1. 콩나물은 깨끗이 씻어 물기를 뺀다.
2. 잘 익은 김치는 송송 썰고, 김칫국물도 따로 준비해둔다.
3. 냄비에 콩나물을 넣고 물 3컵을 부어 끓인다.
4. 콩나물이 익으면 ②의 김치와 김칫국물, 고춧가루를 넣고 3분 정도 더 끓인다.
5. 간을 보아 싱거우면 소금을 약간 넣어 간을 맞춘다.

두부미나리들깻국

두부와 채소가 푸짐하게 들어 쌀밥이 필요 없는 든든한 국물 음식. 손두부를 이용해 만들면 훨씬 구수한 맛을 느낄 수 있다.

재료(1~2인분) 팩 두부 1모, 미나리 30g, 당근 30g, 표고버섯 1개, 채수 3컵, 집간장 1큰술, 들깻가루 2큰술, 전분 2작은술, 생수 약간

만드는 법

1. 채수는 기본 만들기를 참고해 끓여 분량만큼 준비한다.
2. 두부는 씻어 손으로 굵게 으깬다.
3. 미나리는 손질해 깨끗이 씻고 듬성듬성 썬다.
4. 당근과 표고버섯은 손질한 뒤 각각 채 썬다.
5. 냄비에 채수 3컵을 붓고 끓으면 두부와 집간장을 넣는다.
6. 당근을 먼저 넣고 끓이다가 미나리를 넣는다.
7. 다시 끓어오르면 들깻가루와 전분을 섞어 물에 갠 뒤 넣고 끓여 완성한다.

녹두전

토종 녹두로 만든 전은 푸르스름한 고운 빛을 띠는 것이 특징이다. 껍질을 모두 벗겨내지 않고 반 정도 그대로 넣어 만드는데, 이는 자연의 맛을 온전히 즐긴다는 취지다.

재료(1인분)

불린 녹두 1컵
표고버섯 2개
익은지 50g
풋고추 2개
홍고추 1개
집간장 · 참기름 · 소금 약간씩
부침 기름(식용유 1큰술, 들기름 1큰술)

*초간장
집간장 1큰술
식초 1큰술
채수 1큰술
배즙 1큰술
통깨 1/2큰술
다진 청 · 홍고추 약간씩

만드는 법

1. 녹두는 하룻밤 불린 것을 물에 비벼 씻으면서 껍질을 반 정도만 벗겨낸다. 믹서에 넣어 곱게 간다.
2. 표고버섯은 표면을 깨끗이 닦고 기둥을 떼어낸 뒤 곱게 채 썬다. 집간장, 참기름, 소금으로 간한 다음 달군 팬에 가볍게 볶는다.
3. 청·홍고추는 깨끗이 씻어 씨를 제거하고 곱게 다진 다음 ③을 볶은 팬의 열로 가볍게 볶아둔다.
4. 익은지는 씻어 물기를 잘 빼고 잘게 썬다.
5. 볼에 녹두와 ②~④의 모든 재료를 넣고 잘 버무려 반죽을 만든다.
6. 달군 팬에 부침 기름을 두르고 ⑤를 한 국자씩 떠 넣어 도톰한 모양으로 부친다.
7. 분량의 재료를 한데 넣고 잘 섞어 초간장을 만든다. 녹두전에 곁들여 낸다.

얼큰떡찜

두부와 각종 채소 재료를 매콤한 양념에 볶아 먹는 음식이다.

재료

시판용 떡볶이 떡 2컵
양배추 30g
파프리카(빨강, 녹색) 50g
당근 30g
팩 두부 1모
참기름 1큰술
집간장 약간
통깨 1큰술

*찜 양념
채수(말린 표고버섯 30g, 다시마 30g, 무 30g, 물 3컵)
고추장 2큰술
고춧가루 1큰술
집간장 1큰술
조청 1큰술

만드는 법

1. 냄비에 물 3컵을 붓고 표고버섯과 다시마, 무를 넣어 센 불에서 7분간 끓인다. 버섯과 다시마, 무는 건져내고 채수를 만든다.
2. 채수에서 건진 표고버섯 중 2개는 물기를 꼭 짜 4등분해 저민 다음, 참기름 1큰술과 소량의 집간장(분량 외)을 넣고 밑간해 볶는다.
3. 떡은 끓는 물에 데쳐 부드럽게 만든 뒤 찬물에 담가둔다.
4. 양배추는 씻어 먹기 좋은 한입 크기로 썰고, 파프리카와 당근도 떡과 비슷한 길이로 납작하게 썬다.
5. 두부는 4cm 크기로 썰어 소금으로 간한 뒤 팬에 노릇하게 지져낸다.
6. 달군 팬에 기름을 살짝 둘러 분량의 고추장과 고춧가루, 집간장, 조청을 넣고 섞은 다음 준비한 채수를 붓는다.
7. ⑥의 찜 양념이 끓으면 떡과 두부를 먼저 넣고 잠시 끓이다가 양배추, 표고버섯, 당근을 넣고 뒤적이며 섞는다. 채소들이 익으면 마지막에 파프리카를 넣고 잘 버무린 뒤 불을 끄고 접시에 담아 낸다.

Tip. 가을철 햇무가 맛있는 시기에는 채수에 무를 함께 넣으면 국물의 감칠맛이 훨씬 깊어진다.

능이감자옹심이

옹심이는 새알의 방언으로, 감자를 간 반죽으로 새알처럼 빚어 장국에 넣고 끓여 먹는 강원도 지역 향토 음식이다. 예부터 감자옹심이는 겨울철 따끈하게 끓여 먹는 별미 국물 요리로 즐겨 먹은 음식이다. 고급 재료인 능이버섯까지 함께 넣으면 국물의 풍미가 한층 깊어진다.

재료

감자 3개
능이버섯 30g
능이물 3컵
애호박 10g
참기름 · 집간장 · 소금 약간씩
채수 2컵

만드는 법

1. 채수는 기본 만들기를 참고해 끓여 분량만큼 준비한다.
2. 능이버섯은 칫솔로 문지르며 사이사이에 끼어 있는 불순물을 제거한 뒤 물 4컵을 붓고 삶는다.
3. 애호박은 깨끗이 씻어 도톰하게 반달 모양으로 썬다.
4. 감자는 껍질을 벗겨 강판에 간 뒤 건더기를 베 보자기에 싸서 물기를 꼭 짠다.
5. 물기를 짜서 분리한 국물을 10분 정도 그대로 두면 감자 녹말이 가라앉는다. 윗물을 따라내고 녹말을 덜어둔다.
6. ④의 감자 건더기에 감자 녹말(또는 감자 전분)과 소금을 넣고 잘 섞어 된 반죽을 만든 다음, 조금씩 떼어 동그랗게 경단을 빚는다.
7. 냄비에 채수 2컵과 능이버섯 삶은 물 3컵을 붓고, 능이버섯을 넣어 끓인다. 국물이 끓으면 감자옹심이와 애호박을 넣고, 경단이 투명하게 익을 때까지 끓인다.
8. 간장으로 간을 맞춘 뒤 한소끔 끓여 그릇에 담아 낸다.

튀김두부덮밥

담백한 두부를 소금, 후춧가루로 가볍게 간해 바삭하게 튀긴 뒤 밥에 올려 먹는 한 그릇 별미. 고소한 맛과 함께 쫄깃하면서도 부드러운 두부 식감을 즐길 수 있어 바쁠 때 바로 만들어 먹는 건강식으로 인기 높다.

재료(1인분)

밥 1공기, 두부 1/2모, 소금·후춧가루 약간씩, 전분 적당량, 튀김 기름 적당량
*비빔 간장 참기름·집간장·조청·배즙 1큰술씩

만드는 법

1. 두부는 2cm 정도 한입 크기로 깍뚝썰기 한 다음 소금, 후춧가루를 살짝 뿌려 간한다. 전분에 굴려 가루를 골고루 묻힌다.
2. 두부를 180℃로 예열한 기름에 넣고 노릇하게 튀겨낸 뒤 키친타월에 올려 기름기를 뺀다.
3. 분량의 재료를 한데 넣고 잘 섞어 비빔 간장을 만든다.
4. 그릇에 밥을 담고 튀긴 두부를 올린다. 비빔 간장을 곁들여 내 비벼 먹는다.

김치두부덮밥

익은지와 두부, 버섯만 있으면 재빨리 차려낼 수 있는 한국인의 시그너처 덮밥. 익은지가 없으면 잘 익은 김치를 사용해도 무방하며, 이 역시 토핑한 밥이나 볶음밥에 모두 잘 어울린다.

재료(1인분) 밥 1공기, 두부 1/2모, 송송 썬 익은지 1컵, 표고버섯 2개, 참기름 1큰술, 소금 1작은술

만드는 법

1. 두부는 키친타월에 올려 물기를 제거하고 굵게 으깬다. 분량의 참기름과 소금으로 간한 다음 달군 팬에서 볶아준다.
2. 표고버섯은 깨끗이 닦아 기둥을 떼어낸 뒤 채 썬다. 약간의 참기름과 소금으로 밑간해 달군 팬에 볶는다.
3. 익은지는 양념을 씻어내지 않은 채로 송송 썬다. 참기름(분량 외)에 버무린 뒤 달군 팬에 볶는다.
4. ①~③의 모든 재료를 잘 섞는다.
5. 그릇에 밥을 담고 위 3가지 재료를 밥 위에 얹어 낸다.

숙주들깨무침

들깻가루를 넣어 고소함을 두 배로 더한 밑반찬.

재료 숙주 200g, 채수 1컵, 들깻가루 2큰술, 전분 1큰술, 멥쌀가루 1큰술, 집간장·들기름 1큰술씩

만드는 법

1. 채수는 기본 만들기를 참고해 끓여 분량만큼 준비한다.
2. 채수 1컵에 분량의 들깻가루, 멥쌀가루, 전분을 넣고 잘 섞어 풀어둔다.
3. 숙주는 꼬리를 떼어내고 손질해 물에 씻은 다음 물기를 뺀다.
4. 팬에 채수 1/2컵, 들기름, 집간장을 넣고 끓이다가 숙주를 넣고 익힌다.
5. 숙주가 어느 정도 익으면 ②를 넣고 젓가락으로 뒤적여 저으면서 숙주와 양념이 잘 엉기게 한다.
6. 그릇에 담은 뒤 검은깨가 있으면 솔솔 뿌려 낸다.

시금치나물

가장 즐겨 먹는 대표 밑반찬. 그런 만큼 저마다의 맛내기도 매우 다양한데, 물을 끓이는 순간부터 소금을 함께 넣고 시금치를 넣는 것이 맛내기의 비결이다.

재료 시금치 1단, 집간장 1작은술, 참기름 1큰술, 깻가루 1큰술, 소금 약간, 통깨 약간

만드는 법

1. 시금치는 뿌리의 지저분한 부분과 겉잎을 떼어내 손질한 뒤 깨끗이 헹궈 준비한다.
2. 물에 소금을 조금 넣고 끓이다가 시금치를 넣어 한두 번 정도 뒤적여 데친 다음, 재빨리 찬물에 헹궈 물기를 꼭 짠다.
3. 볼에 시금치와 분량의 집간장, 참기름, 깻가루, 소금을 넣고 조물조물 무친다.
4. 접시에 담고 통깨를 솔솔 뿌려 낸다.

무생채

취나물무침

취나물무침

취나물은 말린 취를 사용하는 경우도 많으나, 최근에는 마트에서 데친 것을 구입해 손쉽게 무쳐 먹을 수도 있다.

재료

취나물 150g
참기름 1큰술
집간장 1큰술
깻가루 1큰술
통깨 약간

만드는 법

1. 취나물은 억센 줄기 부분과 누런 잎을 제거해 손질하고 깨끗이 씻는다.
2. 끓는 물에 소금을 조금 넣고 살짝 데친 다음 재빨리 찬물에 헹궈 물기를 꼭 짠다.
3. 볼에 취나물과 분량의 참기름, 집간장, 깻가루를 모두 넣고 조물조물 무친다.
4. 접시에 담고 통깨를 솔솔 뿌려 낸다.

무생채

아삭한 무를 맛있게 버무려 새콤달콤한 맛이 입맛 돋우는 대표 밑반찬. 설탕 대신 조청으로 단맛을 내고, 배즙으로 시원한 맛을 더했다.

재료

무 150g
고춧가루 3큰술
조청 1큰술
깻가루 1큰술
배즙 3큰술
소금 1작은술

만드는 법

1. 무는 깨끗이 씻어 껍질을 벗기고 5~7cm 정도 길이로 채 썬다.
2. 볼에 채 썬 무를 담고 분량의 고춧가루를 넣어 겉돌지 않도록 잘 버무린다.
3. 나머지 재료들을 모두 넣고 조물조물 주무르며 무친다.

Tip. 날이 추워지는 계절에는 찹쌀의 비중을 높여 밥을 지어 먹으면 몸을 따뜻하게 유지할 수 있다.

연근조림

연근과 양념을 한 번에 넣고 오래 시간 졸여 쫀득한 식감을 살린 조림 반찬.

재료 연근 1kg, 집간장 1/2컵, 조청 1/2컵, 사탕수수 원당 2큰술, 올리브유 3큰술

만드는 법

1. 연근은 깨끗이 씻어 껍질을 벗기고 0.5cm 두께로 썬다.
2. 오목한 팬에 올리브유를 두르고 연근과 함께 집간장, 원당을 넣어 센 불에 조린다.
3. 센 불에서 익히다가 수분이 없어지면 불을 약하게 줄인 뒤, 분량의 조청을 넣고 충분히 조려 완성한다.

깻잎배물절임

깻잎과 배를 이용해 만드는 색다른 반찬이다. 간 배의 즙과 건더기를 깻잎 생채와 함께 조리하는 반찬으로, 겨울철 감기 예방과 면역력 강화에도 좋다.

재료 깻잎 1묶음(20장), 배 1개, 홍고추 2개, 통깨·소금 적당량씩, 밤 3개

만드는 법

1. 깻잎은 씻어 잠시 물에 담가두었다가 건져 물기를 뺀다.
2. 배는 강판에 갈아 즙과 건더기를 모두 사용한다.
3. 홍고추는 깨끗이 씻어 씨를 제거하고 곱게 다진다.
4. 밤은 껍질을 벗겨 곱게 채 썬다.
5. 볼에 간 배와 다진 홍고추, 통깨, 소금을 넣고 골고루 섞는다.
6. 접시에 깻잎을 한 장씩 올리면서 그 위에 ⑤의 양념을 한 스푼씩 떠 올린 다음, 위에 밤 채를 솔솔 뿌려 낸다.

두부김치

잘 익은 익은지만 있으면 별다른 양념 없이 손쉽게 만들 수 있는 건강 음식.

재료 두부 1모, 익은지 1/2포기, 참기름 2큰술, 사탕수수 원당 1큰술, 물 1/2컵

만드는 법

1. 두부는 끓는 물에 데친 후 채반에 올려두고 물기를 뺀다.
2. 익은지는 씻어 물기를 털어내고 큼직하게 썬 다음, 분량의 참기름과 원당을 넣고 버무린다.
3. 냄비에 물을 붓고 ②를 넣어 끓이기 시작한다.
4. 30분 정도 끓여 재료가 충분히 익으면 불을 끈다.
5. 그릇에 두부와 익은 김치를 담아 낸다.

고사리나물

삶아 부드럽게 만든 고사리를 참기름으로 무친 뒤 볶아 구수한 맛을 살린 나물 반찬.

재료

말린 고사리 50g, 물 1/2컵, 통깨 1작은술 *양념 집간장·참기름 1큰술씩, 소금 약간

만드는 법

1. 말린 고사리는 끓는 물에 삶는다. 물이 식을 때까지 그대로 두어 부드럽게 만든 다음, 찬물에 여러 번 헹궈 물기를 꼭 짠다.
2. 불린 고사리는 분량의 집간장, 소금, 참기름 양념을 넣고 조물조물 무친다.
3. 달군 팬에 기름을 두르지 않은 채 고사리를 뒤적뒤적 볶다가 물을 붓고 뚜껑을 덮어 푹 익힌다.
4. 고사리나물을 접시에 담고 통깨를 솔솔 뿌려 낸다.

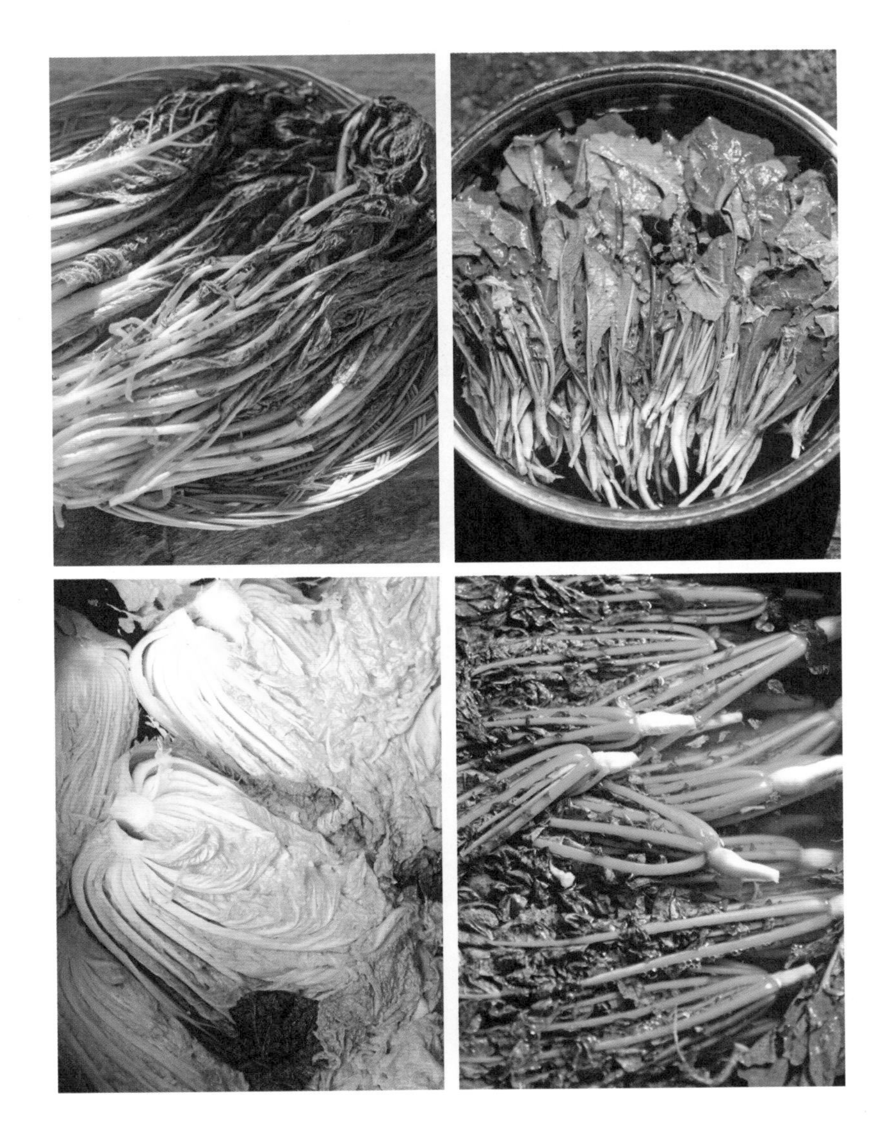

제철 채소로 만드는
신선하고 아삭한 김치

한국 대표 음식인 김치는 발효 음식이자 저장 음식이다. 본래 절에서는 그늘에 저장하거나 양지에 저장하는 것, 반양반음 등 채소에 따라 다양한 발효 방법을 탐구하고 실천한다. 또 각 음식에 맞는 발효법과 시기 등을 적절히 적용해 그 특성이 조화롭게 한다. 특히 김치는 우리의 필수 반찬일 뿐만 아니라, 외국인들도 김치 담는 법을 배우고자 하며 우리나라 재료로 김치를 담그려는 열성까지 보일 정도로 그 인기가 높다. 사찰의 김치는 오신채에 속하는 파, 마늘, 부추, 달래 홍거 대신 소금과 고춧가루, 생강으로 양념하는 것이 특징이다. 또 젓갈 대신 된장, 간장을 이용하는 한편 표고버섯과 다시마 삶은 물인 채수, 배즙, 무즙 등으로 특유의 제맛을 살린다. 채소를 소금에 절이면 세포 내의 수분이 배출되면서 유해균이 사라지고, 함유되어 있던 젖산균이 활발하게 움직이며 생겨난 '이로운 효소'로 인해 영양 성분과 흡수율이 높아지며 맛있게 익는다. 김치의 재료로는 단연 무와 배추가 기본이며 오이, 고추, 상추, 갓 그리고 토마토와 가지 등 소금에 절여 먹기 좋은 채소류도 활용할 수 있다. 김치는 담근 직후부터 먹거나, 실온에서 적당히 익힌 뒤 김치냉장고에 보관해 두고 먹는다.

배추김치

겨우내 밥상을 든든하게 지켜줄 김장김치의 대표 메뉴, 배추김치. 꼭 김장철이 아니더라도 깔끔하고 시원한 김치를 적은 양으로 직접 담가 먹고 싶을 때 도움 되는 레시피를 소개한다.

재료

배추 1통, 절임용 소금물(굵은 소금 1컵, 물 1L) 1컵, 굵은소금 2컵, 무 50g, 당근 30g
*호박풀 채수(말린 표고버섯 10개, 다시마 30g, 물 5컵, 집간장 약간) 4컵, 늙은 호박 100g, 통찹쌀 1/2컵
*김치 양념 호박풀, 말린 고추 10개, 고춧가루 1컵, 집간장 1/2컵, 생강 20g, 청각 10g, 배 100g, 천일염 적당량

만드는 법

1. 배추는 누런 겉잎을 떼고 밑동에 칼집을 낸 뒤 반으로 갈라 절임용 소금물에 담갔다 건진다. 배춧잎을 벌려 사이사이에 굵은소금을 뿌린 다음 2시간 정도 아삭하게 절인다. 알맞게 절여지면 깨끗한 물에 세 번 정도 헹궈 채반에 밭쳐 물기를 뺀다.
2. 호박풀에 들어갈 찹쌀은 미리 씻어 물에 불리고, 늙은 호박은 껍질을 벗겨 잘게 썬다.
3. 채수를 만든다. 물 5컵에 표고버섯과 다시마를 넣고 7분 정도 끓이다가 건더기는 건져낸 다음, 분량의 집간장을 넣고 섞는다.
4. ③을 냄비에 붓고 준비한 호박과 찹쌀을 넣고 1시간 정도 퍼지도록 끓인다.
5. 무와 당근은 깨끗이 씻어 껍질을 벗기고 얇게 채 썬다.
6. 말린 고추는 가위로 어슷 썰어 물에 불린다.
7. 믹서에 ④의 호박풀과 불린 고추, 고춧가루, 집간장, 생강, 배를 넣고 간다. 여기에 청각을 잘게 다져 넣고 천일염으로 간을 맞춰 김치 속 양념을 만든다.
8. ⑦에 채 썬 무와 당근을 넣고 골고루 버무린다.
9. 물기 뺀 배춧잎을 벌려 잎마다 고루 김치 속 양념을 펴 바른 다음, 겉잎으로 감싸 저장 용기에 담는다.

Tip. 채수와 청각을 사용하면 굳이 젓갈을 사용하지 않아도 감칠맛을 낸다. 절에서 만드는 김치는 파와 마늘 대신 채수에 호박, 찹쌀을 넣고 풀을 쑤어 넣는 것이 특징이다.

깍두기

무를 가볍게 절여 아삭하게 씹는 맛이 좋은 것이 특징이다. 무 1~2개 정도의 소량으로 담글 때는 보통 20~30분 정도만 졸인다.

재료

무 1개 800g, 굵은소금 1컵 *찹쌀풀 물 1컵, 찹쌀가루 2큰술
*깍두기 양념 찹쌀풀, 청각 10g, 말린 고추 5개, 배 1/4개, 생강 10g, 고춧가루 1/2컵, 통깨 1/2큰술, 생강청 1큰술

만드는 법

1. 무는 깨끗이 씻어 껍질을 벗기고 2cm 크기의 정사각형으로 깍둑썰기 한다.
2. 큰 볼에 무를 담고 굵은소금을 뿌려 버무린 뒤 30분 정도 절인다.
3. 절인 무를 헹군 뒤 채반에 담아 물기를 뺀다.
4. 냄비에 물을 붓고 찹쌀가루를 풀어 끓인다. 맑은 색이 날 때까지 저으면서 찹쌀풀을 쑨다.
5. 청각은 물에 깨끗이 헹군 뒤 채반에 밭쳐두어 불린다. 물기를 짠 뒤 다진다.
6. 말린 고추는 물에 불렸다가 배, 생강과 함께 믹서에 간다.
7. ⑤에 찹쌀풀과 고춧가루, 생강청, 통깨를 함께 넣고 섞어 양념을 만든다.
8. 큰 그릇에 무와 양념을 넣고 함께 버무린다.

고들빼기김치

김장철에 따로 담가 곰삭은 것을 음력설 이후부터 먹어야 제맛인 김치다. 김장 김치가 슬슬 지겨워질 때쯤 꺼내 먹으면 입맛을 돋워준다.

재료

고들빼기 1단, 절임용 소금(천일염) 3컵, 찹쌀풀(물 1컵, 찹쌀가루 2큰술) 1/2컵
*김치 양념 고춧가루 1컵, 당근 50g, 밤 4개, 청·홍고추 1개씩, 배 1/2개, 생강 20g, 매실청 3큰술

만드는 법

1. 고들빼기는 뿌리가 굵은 것으로 골라 지저분한 잎과 뿌리의 흙, 잔털을 제거해 손질한다.
2. 고들빼기에 절임용 소금을 뿌려 2시간 정도 절인 다음, 물에 헹궈 채반에 밭쳐 물기를 꼭 짠다.
3. 냄비에 물 1컵을 붓고 찹쌀가루를 넣어 거품기로 잘 풀면서 끓인다. 주걱으로 계속 저으면서 끓여 찹쌀풀을 쑤고 투명한 색이 나면 불을 끈다.
4. 껍질 벗긴 배와 생강은 각각 강판에 갈아 즙을 낸다.
5. 당근과 밤은 채 썰고, 청·홍고추도 씨를 제거한 뒤 곱게 채 썬다.
6. 볼에 고춧가루와 ④, ⑤, 매실청을 모두 넣고 잘 섞어 김치 양념을 만든다.
7. ⑥의 양념에 고들빼기를 넣고 골고루 버무린다. 고들빼기가 엉키지 않도록 타래를 지어 보관 용기에 담는다.

가을김치

본격적인 김장철 전, 솎은 무청과 배추로 손쉽게 만들어 먹는 별미 김치. 식은 밥으로 풀국을 만들어 사용하면 과정이 훨씬 간편해진다.

재료

솎은 무청 1단, 솎은 배추 1단, 절임용 굵은소금 4컵, 고춧가루 1컵, 당근 40g, 청·홍고추 1개씩
*김치 양념 식은 밥 1/2공기, 물 2컵, 말린 고추 5~6개, 배 1/4개, 생강 20g, 집간장 1/3컵

만드는 법

1. 무청과 배추는 다듬어 절임용 굵은소금을 뿌리고 40분 정도 절인다.
2. ①을 맑은 물에 두 번 헹궈 채반에 밭쳐 물기를 뺀다.
3. 말린 고추는 가위로 어슷 썰어 30분 정도 물에 불린다.
4. 배는 껍질을 벗겨 잘게 채 썬다.
5. 물 2컵에 식은 밥 1/2공기를 넣고 끓인 뒤 식혀 풀국을 만든다.
6. 당근은 곱게 채 썰고, 청·홍고추는 깨끗이 씻어 씨를 제거한 뒤 어슷 썬다.
7. 믹서에 식은 밥과 ③의 불린 고추, 채 썬 배, 집간장, 생강을 넣고 간다.
8. 큼직한 볼에 ⑦을 넣고 고춧가루, 당근, 청·홍고추와 무청, 배추 절인 것을 넣고 잘 버무린 다음 보관 용기에 담는다.

Tip. 배추는 무와의 궁합이 좋은데, 배추와 무에 함유된 풍부한 섬유소질과 펙틴 성분이 위장의 연동운동을 도와 변비 예방을 돕기 때문이다. 김치뿐만이 아니라 된장무침나물을 만들어 먹어도 맛있다.

아삭고추김치

단맛이 나면서 고추 고유의 향을 지닌 아삭고추에 무채 소를 듬뿍 채워 바로 먹는 별미 김치. 아삭고추 대신 오이맛고추나 풋고추를 사용해도 맛있다.

재료

아삭고추 8개, 무 150g, 청오이 1/2개, 당근 40g, 배 1/4쪽, 고춧가루 2큰술, 소금 1큰술, 식초 2큰술

만드는 법

1. 무는 깨끗이 씻어 껍질을 벗기고 2cm 길이로 채 썬다.
2. 깨끗이 씻어 껍질을 벗긴 청오이, 당근도 같은 길이로 곱게 채 썬다.
3. 볼에 채 썬 무를 담고 고춧가루 1큰술을 넣은 다음 잘 버무려 색을 낸다.
4. ③에 붉은색이 들면 오이, 당근을 함께 넣고 나머지 고춧가루와 소금, 식초를 넣어 골고루 버무린다.
5. 배도 곱게 채 썰어 ④의 무친 속재료에 함께 넣고 잘 섞어 김치 소를 완성한다.
6. 아삭고추는 흐르는 물에 깨끗이 씻어 물기를 제거한다. 고추의 한쪽을 길게 반을 가른 뒤 씨를 발라낸다.
7. ⑤의 속재료를 아삭고추의 가른 부분에 푸짐하게 채워 넣는다.
8. 접시에 담아 국물을 끼얹어 낸다.

Tip. 고추김치의 속재료로 넣는 채소들은 길이를 짧게 자른다.

통배보쌈김치

지금까지 보아온 김치 종류와 형태가 다른 이색적인 백김치. 채 썬 재료를 배춧잎으로 돌돌 말아 통배의 중앙에 넣어, 아삭한 식감과 시원한 맛을 살린다. 속에 넣는 채소는 취향에 따라 교체해도 좋다.

재료

배추 1/4포기, 절임용 소금물(굵은소금과 물 1:5) 3컵, 절임용 굵은소금 1컵, 무 30g, 미나리 12대, 밤 2개, 대추 2개, 당근 30g, 배 1개, 잣 1작은술, 생강 10g, 소금 1작은술
*물김치 국물 찹쌀풀 1/2컵, 소금 1큰술, 물 4컵

만드는 법

1. 배추는 1/4 포기만 준비한다.
2. ①을 소금을 푼 물에 적신 다음 절임용 소금을 뿌려 2시간 절인다.
3. 절인 배추는 맑은 물에 두 번 정도 헹구고 채반에 밭쳐 물기를 뺀다.
4. 무는 깨끗이 씻어 껍질을 벗긴 뒤 곱게 채 썬다.
5. 미나리는 뿌리 쪽의 억센 부분을 잘라내고 누런 잎을 떼어낸다. 흐르는 물에 깨끗이 씻어 물기를 빼 2cm 길이로 자른다. 이때 소를 묶는 용도의 미나리는 남겨놓는다.
6. 당근, 대추, 밤도 각각 곱게 채 썬다.
7. 배는 껍질을 벗겨 통째로 씨를 빼낸다.
8. ③의 배춧잎을 한 장씩 가로로 펼쳐놓고 채 썰어 준비한 ④~⑥의 소를 고루 섞어 넣는다. 배춧잎을 한쪽부터 돌돌 말아 미나리 줄기로 묶는다.
9. 배 속에 ⑧을 채워 넣는다.
10. 분량의 재료를 섞어 물김치 국물을 만든 다음 ⑨에 붓는다.
11. 먹을 때 접시에 담고 썰어 낸다.

Tip. 배추를 절일 때는 1포기를 기준으로 소금 1컵이 기준이라고 보면 된다. 소금과 물의 비율은 1:5로 해 소금물을 만든다. 백김치는 미리 만들어두고 먹기 직전에 배 속에 넣는 것이 좋다.

톳오이소박이

바다의 보약이라 불리는 알칼리성 식재료 톳을 가득 채워 영양 성분의 균형을 맞춘 오이김치. 아삭한 오이, 톡톡 터지는 톳의 식감이 어우러져 씹는 재미도 느낄 수 있다.

재료

백오이 2개, 굵은소금 2큰술, 불린 톳 50g *소금물 뜨거운 물 4컵, 굵은소금 3큰술
*양념 고춧가루 3큰술, 다진 생강 1/2작은술, 배즙 2큰술, 소금 1큰술, 집간장 1큰술, 찹쌀가루 1/2큰술, 채수 2컵

만드는 법

1. 오이는 굵은소금으로 껍질을 충분히 문질러 씻은 뒤 헹군다. 양 끝을 잘라내고 4등분한다.
2. 오이의 한쪽 면에 칼집을 깊게 넣는다.
3. 소금을 녹인 뜨거운 물에 오이를 담가 40분간 절인다. 찬물에 헹군 뒤 물기를 빼둔다.
4. 물에 불린 톳은 뜨거운 물에 살짝 데쳐 건진다.
5. 배는 껍질을 벗기고 강판에 갈아 즙을 만든다.
6. 양념에 넣는 찹쌀풀은 채수 2컵에 찹쌀가루 1/2컵을 넣고 약한 불에서 끓여 만든다.
7. 볼에 분량의 양념 재료를 모두 넣은 다음 톳을 넣고 잘 버무린다.
8. 절인 오이의 칼집 속으로 ⑦의 양념 소를 적당히 채워 넣는다. 실온에서 1~2일 정도 숙성한 뒤 맛이 들면 냉장고에 넣어두고 먹는다.

Tip. 모자반과의 해조류 톳은 칼슘, 철분, 요오드 성분이 풍부한 알칼리성 식품이다. 식이섬유 함유량은 시금치의 3~4배에 이르며, 피부 미용과 혈액순환에 좋고 노화 방지 효과도 있다.

Part 4

동서양의 맛을 아우른 일품 채소 요리

무릇 사찰 음식이란 천연 재료, 제철 채소를 사용하며 자극적인 향신료는 거의 쓰지 않은 채 정갈한 자세로 천천히 만들어내는 한국식 슬로푸드slow food다. 바쁘게 생활하는 세속에서 잠시나마 벗어나 온전한 휴식을 누리고자 하는 전 세계 슬로푸드 마니아가 유독 한국의 템플 스테이 체험에 큰 매력을 느끼는 이유도 같은 이유일 것이다. 단지 한국의 사찰 음식, 혹은 절밥은 이 땅의 자연환경과 맞물려 오랜 전통 속에 완성된 것으로, 동서양 음식 맛과 문화에 두루 익숙해진 우리의 일상식을 채식으로 제안할 때에도 반드시 한식 재료와 조리법에 틀을 맞춰야 하는 것이 아님은 오래전부터 든 생각이다.

아무리 몸에 이롭다 한들 오신채를 사용하지 않는 싱거운 음식, 밥과 나물로만 차려낸 채식 밥상은 현대인에게 필수이자 피하고 싶은 식사일지도 모른다. 에너지를 얻기 위해서는 육류 단백질 섭취가 필수라는 인식 때문이다. '저탄고지'라는 식이요법이 여전히 주목받는 환경에서 곡류를 배제하고 육류 섭취로 영양분을 조절하는 젊은 층도 늘었다. 이런 식습관과 선택에 대해서는 세계적으로 다양한 학술적 내용들이 받침이 되는 만큼 개인적으로 무엇이 좋고 나쁜지 평가할 일은 아니라고 본다. 단지 내 경우는 요리를 또 다른 업으로 가진 순간부터 이를 계기로 우리 몸에 유익한 삼시 세끼의 의미를 다시 생각하게 되었다. 채식이 우리 몸에 얼마나 건강한 작용을 하는지는 말할 것 없으나 젊은 세대가 이미 당연하게 누리는 소위 '서양식 입맛'을 굳이 바꿀 필요도 없다. 그래서 기회가 될 때마다 동서양을 아우른 각종 음식, 채식을 접목한 메뉴들을 만들어보기 시작했다. 튀김, 구이, 찜에서 피자와 샌드위치까지. 채소 본연의 맛을 살린 요리들을 모아보았다.

음식은 여법하게 만들어 즐기는 것이다

여법如法이란 '다움' 즉 법다움을 의미하는 단어다. 여법은 사물이 지닌 근성에 맞게 요리하는 덕으로 재료에 따라 밥다움, 국다움, 나물다움이고, 요리 방법에 따라서는 전다움, 찜다움, 구이다움, 튀김다움이라고 할 수 있다. 물론 한식, 서양식 밥상이 나뉘지 않고 모든 음식에 해당한다. 즉 여법은 본래의 성품을 지닌 음식을 먹고, 건강한 생활을 누리게 해주는 중요한 덕목이다. 따라서 음식을 만들 때에도 모든 과정은 '법다워야' 한다. 재료 자체도 여법해야 하며 재료를 구하는 과정을 비롯해 이를 다듬고, 씻고, 썰어서 조리하는 모든 과정 역시 여법해야만 하는 것이다. 상황에 따라 가끔은 간편하게 요리하는 경우가 생길 수는 있으나, 편한 대로 만드는 것을 습관화하는 것은 문제다. 편리함에 익숙해지면 식재료 고유의 특성을 이해하거나 고마운 마음도 결여되기 십상이며 그저 한 끼 때우는, 정성 없이 형식적인 요리에서는 건강한 기운을 얻기도 힘들다. 결국 여법한 음식은 조화로움을 아는 것이기에, 요리를 넘어 삶 자체가 조화로워짐을 잊지 말자.

매일 다루는 물, 불, 칼
여법을 갖춘 일상의 조리법

채소는 뿌리부터 줄기, 잎, 열매, 꽃까지 약성이 없는 것이 없다. 곡류 또한 쌀과 잡곡, 콩류까지 우리 몸에 들어와 이로운 영향을 주지 않는 것이 없다. 단 재료 자체가 지닌 약성과 성품을 제대로 알고 쓰면 이로우나, 그렇지 못한 경우에는 치명적인 해로움을 줄 수도 있다. 식재료와 조리법이 상호 보완하는 조화롭고 여법한 음식을 만들기 위해 고려해야 할 점은 무엇일까. 먼저 재료의 특성을 알고 다음으로 이에 맞는 조리법을 선택하며, 먹는 사람의 심신 상태를 고려해 요리해야 한다. 거듭 강조하듯 아무리 몸에 좋은 음식인들 신체가 흡수할 준비가 되어 있지 않다면 오히려 해가 될 수 있기 때문이다. 갓 태어난 아기에게는 어머니의 젖을, 성장하는 아기에게는 맞춤 이유식을 먹이는 것처럼 몸이 허약한 사람이라면 흡수가 쉬운 부드러운 음식부터 제공하는 것이 건강을 찾게 하는 밥상의 기본이다.

음식의 조리법, 즉 물과 불, 칼을 사용하는 방법 역시 주의가 필요하다. 음식을 만드는 일련의 조리 과정 중 재료의 기운을 가장 크게 좌우하는 것은 '불'이다. 불 조절을 못하면 재료가 타거나 혹은 설익어 고유의 좋은 기운을 해치게 된다. 예를 들어 절밥에 이용하는 생채소를 볶을 때는 바로 기름에 볶지 않고 미리 기름으로 조물조물 무친 뒤 달군 팬에 덖는데, 이는 색감과 함께 섬유질이 질겨지는 변화를 피하기 위해서다. 비빔밥에 넣는 콩나물의 경우에는 먼저 팬에 참기름, 물, 소금을 넣은 뒤 끓을 때 재료를 넣고 뚜껑을 덮어두었다가, 익은 냄새가 나면 뚜껑을 연다. 아삭하게 데친 콩나물과 각종 나물을 넣어 비비면 식감 좋은 비빔밥을 완성할 수 있다.

물 조절 역시 중요한데, 물을 사용하는 것은 수도꼭지를 트는 순간부터 여법한 요리의 시작이라 할 수 있다. 재료를 씻을 때 잎채소의 경우는 그릇에 물을 받아 씻거나 물줄기를 약하게 해야 한다. 물줄기가 강하면 잎사귀가 손상되어 상처를 입고 자체의 건강함을 잃을 수 있으며, 잎에는 충격과 두려움의 에너지를 주게 된다. 특히 우리가 잘 모르는 것이 버섯을 씻는 법이다. 버섯을 물에 담가 씻으면 마치 스펀지처럼 물을 빨아들여 특유의 감칠맛이 손상된다. 따라서 버섯은 손에 든 채 빨리 헹궈 세척하는 것이 좋다. 뿌리채소는 담아둔 물에 잘 씻은 뒤 흐르는 물에 잠시 헹구도록 한다. 그런가 하면 식재료를 삶고 나서의 수분 조절 또한 중요한 부분이다. 국수는 삶은 뒤 물기를 제대로 빼줘야 쫄깃하고, 머위는 데친 다음 마른 수건으로 물기를 잘 닦아내야 싱그럽다. 수분을 잘 단속하지 않으면 식감이나 재료 특성이 변질될 수 있으므로 항상 주의해야 한다.

마지막으로 재료에 따라 알맞은 손질법에도 신경 써야 하는데, 어떻게 다듬느냐에 따라 조리하기도, 먹기에도 좋아지기 때문이다. 칼은 날카로운 성품을 지녔다. 이것을 잘못 사용하면 재료의 성품을 손상시키고 그 풍미를 잃게 한다. 또 함부로 사용하는 경우 재료의 성질이 급격히 약해지거나 지나친 독성을 뿜어내며 다른 성질로 변형될 수도 있음에 주의한다. 믿기 힘들지 모르나, 식재료도 칼이 닿으면 자기 보호를 위해 놀라고, 이 상태는 맛으로도 전해지기 마련이다. 본래의 맛을 잃고 거칠거나 떫고 쓴맛으로 변질될 수 있다는 이야기다. 칼은 마음과 하나 되어 음식을 만드는 도구인 만큼, 요리를 할 때 소홀하지 않도록 무뎌지지 않게 관리해야 한다.

· 채소밥의 기초 ·

매일 쓰는 조리 도구

사시사철 요리를 하면서 항상 여법한 마음과 자세로 재료를 대하게 만드는 기본 도구들. 늘 사용하는 손때 묻은 도구는 사실 고가의 제품이거나 대단한 기능을 갖춘 것은 아니다. 단지 재료를 다루며 본연의 맛을 이끌어내는 조리 과정을 수없이 반복하는 동안 늘 함께해온 물건인 만큼 여법함이 배어 있다.

1. 전기밥솥, 냄비 등 상황에 따라 다양한 기구에 밥을 짓지만, 그중 가장 애용하는 것은 역시 솥이다. 물론 불 조절에 익숙해져야 하지만 잘 지은 솥밥은 쌀알이 탱글하게 살아 있다. 새로 마련한다면 속에 뚜껑이 하나 더 있는 이중 솥을 추천한다.
2. 채소 음식에서는 특히 찌는 조리법이 많다. 대나무, 실리콘 그리고 전기찜기 등 종류도 참 많은데, 나는 튼튼한 스테인리스 소재의 제품을 오래도록 사용 중이다.
3. 각종 채소로 전을 부칠 때 다양한 크기의 채반은 필수 도구다.
4. 밥을 푸거나 뒤섞을 때는 플라스틱 주걱 대신 상아 소재의 주걱을 이용한다.
5. 요리 수업을 할 때 항상 사용하는 칼은 일본 장인이 만든 것으로, 오래전 선물 받은 것을 사용하고 있다.
6. 필러는 각종 채소를 재빨리 손질할 때 필수인 도구다.
7. 나무 뒤집개와 긴 나무젓가락은 재료를 마른 팬에 올려 뒤적거리면서 덖을 때 요긴한 도구다.
8. 요리를 가르칠 때는 채소 재료 분량을 철저히 확인하고자 전자저울을 사용하며, 그 외의 맛가루, 양념 등은 반드시 계량스푼을 이용해 정확한 분량으로 조리한다.

시금치국수

각종 감칠맛 나는 채소로 끓인 국물에
시금치를 곁들여 먹는 기본 잔치국수.

재료(1인분)

소면 100g
시금치 100g
표고버섯 1개
당근 20g
통깨 약간

*채수(국물용)
물 5컵
말린 표고버섯 30g
다시마 30g
무말랭이 2큰술
집간장 1큰술

만드는 법

1. 물 5컵에 말린 표고버섯과 다시마, 무말랭이를 넣고 7분간 끓인다. 건더기를 건져내고 집간장 1큰술로 간해 국물을 만든다.
2. 시금치는 깨끗이 다듬어 씻어 물기를 빼둔다.
3. 표고버섯은 표면을 깨끗이 닦고 기둥을 떼어낸 뒤 얇게 썬다.
4. 당근도 껍질을 벗긴 뒤 반달 모양으로 얇게 썬다.
5. 국수를 삶는다. 넉넉한 양의 끓는 물에 소면을 넣고 살살 젓는다. 도중에 물이 넘치려 하면 찬물을 1/2컵씩 1~2회 부어준다. 면이 익으면 찬물 또는 얼음물에 비비듯이 헹궈 체에 밭쳐 물기를 뺀다.
6. ①의 채수를 끓이다가 준비한 시금치, 당근, 표고버섯을 넣는다. 채소가 익으면 불을 끈다.
7. 그릇에 소면을 담고 국물을 먼저 부은 뒤 채소를 고명으로 보기 좋게 올리고 통깨를 솔솔 뿌려 낸다.

Tip. 절에서는 말린 표고버섯과 다시마, 무 등의 채소를 달인 채수로 국수 국물을 만들며 간은 직접 만든 간장으로 한다. 소면을 삶는 도중 찬물을 1~2회 부어주면 끓어넘치는 것을 방지할 뿐 아니라 물 온도를 낮춰 면발이 쫄깃해지는 효과도 있다.

나물고명국수

국물 만들기는 시금치국수와 같다. 미나리와 유부를 넣으면 색다른 풍미와 식감을 즐길 수 있다.

재료(1인분)

소면 100g
미나리 40g
사각 유부 4개
표고버섯 1개
당근 20g
참기름·소금 약간씩
굵은소금 적당량

*채수(국물용)
물 5컵
말린 표고버섯 30g
다시마 30g
무말랭이 2큰술
집간장 1큰술

만드는 법

1. 물 5컵에 말린 표고버섯과 다시마, 무말랭이를 넣고 7분간 끓인다. 건더기를 건져내고 집간장 1큰술로 간해 국물을 만든다.
2. 미나리는 뿌리 쪽의 억센 부분을 잘라내고 식촛물에 10분 정도 담가둔 뒤 흐르는 물에 깨끗이 씻는다. 끓는 물에 굵은 소금을 넣고 30초 정도 데친 다음 헹궈 물기를 꼭 짠다. 먹기 좋게 4~5cm 정도 길이로 잘라 참기름과 소금으로 간한다.
3. 유부는 끓는 물에 두 번 데쳐 기름기를 제거한 뒤 헹궈 물기를 꼭 짠다.
4. 표고버섯은 표면을 깨끗이 닦고 기둥을 떼어낸 뒤 얇게 썬다.
5. 당근은 씻어 껍질을 벗기고 얇게 채 썬다.
6. 국수를 삶는다. 넉넉한 양의 끓는 물에 소면을 넣고 살살 젓는다. 도중에 물이 끓어넘치려 하면 찬물을 1/2컵씩 1~2회 부어준다. 면이 익으면 찬물 또는 얼음물에 비비듯이 헹궈 체에 밭쳐 물기를 뺀다.
7. 그릇에 국수를 담고 국물을 부은 다음 ②~⑤의 채소 고명을 보기 좋게 얹어 낸다.

고추장비빔국수

콩나물을 듬뿍 넣어 맵싸하면서 개운한 맛으로 즐기는 비빔국수. 시금치, 콩나물, 당근 고명을 올린 보기 좋은 색감도 입맛을 돋운다.

재료(1인분)

소면 100g
콩나물 80g
시금치 60g
당근 30g

*비빔장
고추장·참기름·깻가루 1큰술씩

만드는 법

1. 콩나물은 지저분한 꼬리 부분을 떼어내고 흐르는 물에 깨끗이 씻어 끓는 물에 데친다.
2. 시금치는 깨끗이 다듬어 씻는다. 끓는 물에 소금을 약간 넣고 1분 이내로 파릇하게 데친 다음, 찬물에 헹궈 물기를 꼭 짠다.
3. 당근은 씻어 껍질을 벗기고 곱게 다진다.
4. 국수를 삶는다. 넉넉한 양의 끓는 물에 소면을 넣고 살살 젓는다. 도중에 물이 끓어넘치려 하면 찬물을 1/2컵씩 1~2회 부어준다. 면이 익으면 찬물 또는 얼음물에 비비듯이 헹궈 체에 밭쳐 물기를 뺀다.
5. 그릇에 삶은 소면을 담고 분량의 고추장과 참기름, 깻가루를 비빔장에 넣어 골고루 버무린다.
6. 준비한 ①~③의 채소 고명을 보기 좋게 얹어 낸다.

가지파스타

가지의 부드러운 속살을 크림처럼 맛볼 수 있는 요리. 가지가 풍작이었던 어느 해 고안해낸 요리가 바로 가지파스타다. 껍질 벗겨 찜통에 찐 가지를 믹서에 갈고, 끓이면서 모차렐라 치즈를 넣고 파스타 면을 함께 버무리면 고소한 풍미가 꽉 찬 파스타가 완성된다.

재료(2인분)

스파게티 면 240g
가지 4개
표고버섯 2개
마 100g
모차렐라 치즈 100g
버터 10g
소금 1/2작은술
올리브유 2큰술
집간장·참기름 약간씩

만드는 법

1. 가지는 깨끗이 씻어 꼭지를 떼고 껍질을 벗긴다. 찜기에 10분 정도 찐 뒤 믹서에 넣고 간다.
2. 표고버섯은 기둥을 떼어내고 곱게 다져 집간장, 참기름을 약간씩 넣고 조물조물 무친 뒤 달군 팬에 볶는다.
3. 마는 깨끗이 씻어 껍질을 벗기고 강판에 간다.
4. 큰 냄비에 물을 넉넉히 붓고 끓인다. 끓으면 소금을 1작은술 정도 넣은 뒤 스파게티 면을 넣고 8분 정도 삶는다.
5. 달군 팬에 올리브유 2큰술을 두르고 ①의 가지 간 것을 넣고 끓인다. 이때 소금 1/2작은술을 넣어 간한다.
6. ④가 끓기 시작하면 준비한 표고버섯과 간 마, 분량의 모차렐라 치즈를 함께 넣고 계속 끓인다.
7. ⑥에 삶은 스파게티 면을 넣고 골고루 버무린 뒤 불을 끈다.
8. 접시에 완성한 파스타를 보기 좋게 담아 낸다.

Tip. 색색의 파프리카를 곱게 다져 완성한 파스타 위에 솔솔 뿌려 내면 색감도 예쁘고 상큼한 맛이 기분 좋게 어우러진다.

얼큰토란유부찜

자작하게 남은 얼큰한 국물에 밥이나 면을 비벼 먹기에도 좋은 음식. 토란 대신 감자를 넣어 만들어도 좋다.

재료(2인분)

토란 6개
사각 유부 5개
들기름 약간
고춧가루 · 들깻가루 · 쌀가루 1큰술씩
소금 약간

*채수
물 4컵
말린 표고버섯 30g
다시마 30g
집간장 1큰술

만드는 법

1. 물 4컵에 말린 표고버섯과 다시마를 넣고 7분간 끓인다. 버섯과 다시마를 건져내고 집간장을 넣은 뒤 다시 1분간 끓여 채수를 만든다.
2. 토란은 장갑을 낀 채 흐르는 물에 씻어 흙을 깨끗이 제거한다. 쌀뜨물에 소금을 넣고 3분 정도 데쳐 독성을 제거한다.
3. ②를 건져내 껍질을 벗긴 뒤 0.5cm 정도 두께로 먹기 좋게 슬라이스한 다음, 옅은 농도의 소금물에 넣어 끓인다.
4. ③이 끓기 시작하면 물을 버리고 찬물에 토란을 헹궈 물기를 빼둔다.
5. 유부는 끓는 물에 두 번 데쳐내어 기름기를 제거한 뒤 물기를 꼭 짠다. 1cm 정도 두께로 썰어 준비한다.
6. 냄비에 들기름을 두르고 채수 2큰술을 넣은 뒤 토란과 유부를 볶는다. 토란이 어느 정도 익으면 준비한 채수를 부어 끓인다.
7. 분량의 고춧가루, 들깻가루, 쌀가루에 채수를 조금 넣고 갠다.
8. ⑥의 국물이 끓으면 ⑦을 넣고 다시 한소끔 끓인다. 마지막으로 소금을 넣어 간을 맞춘다.

건도토리묵들깨찜

'묵말랭이'라고도 불리는 말린 도토리묵을 데쳐 사용하면 특유의 쫄깃쫄깃한 식감을 맛볼 수 있다. 들깻가루로 구수하게 쪄낸 묵찜은 손님 초대상의 일품 메뉴로도, 밥반찬으로도 두루 어울리는 음식이다.

재료

말린 도토리묵 20g(1컵)
표고버섯 2개
당근 20g
집간장 2큰술
들기름 1큰술
들깻가루 2큰술
쌀가루 1큰술
채수 2컵

만드는 법

1. 말린 도토리묵은 끓는 물에 3~4분 데친 다음 그대로 담가 불린다. 건져 물기를 제거하고 분량의 집간장, 들기름으로 밑간해 조물조물 무친다.
2. 표고버섯은 깨끗이 닦은 뒤 기둥을 떼어내고 채 썬다. 씻어서 껍질 벗긴 당근은 얇게 반달썰기 한다.
3. 채수는 p.267의 얼큰 토란유부찜을 참고해 만든다.
4. 분량의 들깻가루와 쌀가루에 ③의 채수를 약간 넣고 잘 섞어 불려둔다.
5. 달군 팬에 들기름을 두른 뒤 채수를 붓고 ①의 묵을 넣어 볶는다. 묵이 익기 시작하면 표고버섯과 당근을 함께 넣고 다시 볶으면서 집간장(분량 외)으로 간을 맞춘다.
6. 마지막에 ④의 들깻물을 붓고 고루 섞어 익혀 완성한다.

연자들깨찜

쓴맛을 없애 담백한 맛을 살린 연자를 들깻가루를 넣은 채수로 구수하게 끓여낸 요리. 연자를 구하기 어려우면 재료를 생략하고 연근들깨찜으로 끓여도 상관없다.

재료

연근 150g(작은 것 1개 분량)
마른 연자 3큰술
채수 2/3컵
들기름 1큰술
집간장 2/3큰술
전분 1작은술
들깻가루 1큰술
소금 약간

만드는 법

1. 채수는 기본 만들기를 참고해 끓여 분량만큼 준비한다.
2. 연근은 깨끗이 씻어 껍질을 벗기고 0.5cm 두께로 자른다.
3. 마른 연자는 끓는 물에 살짝 데쳐 쓴맛을 뺀 뒤 물에 4시간 이상 불려둔다.
4. 팬에 연근과 연자를 넣고 채수 2큰술과 분량의 들기름, 집간장을 넣어 볶는다.
5. 채수 1/2컵에 전분과 들깻가루를 넣어 개어둔다.
6. ④에 나머지 채수를 모두 붓고 끓인다.
7. 국물이 끓으면 ⑤를 넣어 잘 저으면서 농도를 맞춘다. 싱거우면 소금으로 간을 맞춘다.

Tip. 연밥, 연실로도 불리는 연자는 연꽃의 열매다. 연씨가 갈색으로 변하기 시작할 때 따서 겉껍질, 속껍질을 벗기면 열매가 나오는데, 이것을 요리에 사용한다.

무청시래기찜

무청을 말렸다가 삶은 시래기는 무침이나 국, 조림 등 실로 다양한 요리에 활용된다. 예부터 겨울철 부족하기 쉬운 비타민과 미네랄 등의 영양소를 고루 포함해 즐겨 먹었으며, 그중 채수를 넣고 푹 쪄낸 찜 음식은 대표적인 밥도둑 반찬이다.

재료

무청시래기 삶은 것 200g
채수(말린 표고버섯 30g, 다시마 30g, 무 50g, 물 5컵) 3컵
사각 유부 4개
집간장·참기름 적당량씩

*찜 양념
고춧가루 1큰술
고추장 2큰술
된장 1큰술
들깻가루 1큰술

만드는 법

1. 냄비에 물 5컵을 붓고 깨끗이 닦은 말린 표고버섯과 다시마, 무를 넣어 7분간 끓인다. 건더기는 건져내고 채수를 만든다.
2. 채수에서 건진 표고버섯 2개는 기둥을 떼어내고 채 썰어 집간장, 참기름으로 간한 다음 달군 팬에 볶는다.
3. 무청시래기는 끓는 물에 푹 삶는다. 삶은 물에 하룻밤 정도 우린 다음, 물에 여러 번 헹궈 물기를 꼭 짜고 7cm 정도 길이로 썬다. 삶은 것을 구입하더라도 다시 한 번 데친다.
4. 유부는 끓는 물에 두 번 데쳐 찬물에 헹궈 기름기를 뺀 다음 물기를 꼭 짜 채 썬다.
5. 넓은 팬에 시래기를 넣고, 분량의 재료를 섞어 만든 찜 양념을 넣어 조물조물 주물러 무친 다음 불을 켠다.
6. ⑤에 유부를 넣고 볶는다. 김이 나도록 익으면 ①의 채수를 3컵 부어 한소끔 더 끓이면서 푹 익혀 완성한다.

Tip. 시래기 줄기의 껍질은 물에 불리기만 해서는 잘 벗겨지지 않는데, 시래기 삶은 물에 푹 담가두면 쉽게 벗길 수 있다.

감자표고버섯들깨찜

채수를 만들 때 이용한 표고버섯을
감자와 함께 넣고 끓여 국물의 구수한
풍미를 살린 찜 요리.

재료

감자(중간 크기) 2개
말린 표고버섯 2개
채수 2 1/2컵
들기름 1큰술
집간장 1큰술
들깻가루 2큰술
전분 1큰술
소금 약간

만드는 법

1. 채수는 기본 만들기를 참고해 끓여 분량만큼 준비한다.
2. 감자는 깨끗이 씻어 필러로 껍질을 벗기고 0.5cm 정도 두께로 저며 썬다.
3. ①의 국물에서 건진 표고버섯 2개는 기둥을 떼어 내고 물기를 꼭 짠 뒤 도톰하게 채 썬다.
4. 팬에 ①의 채수 1컵을 붓고 들기름, 집간장을 1큰술씩 넣는다. 여기에 감자와 표고버섯을 넣어 볶는다.
5. ④에 다시 채수 1컵을 넣고 끓인다.
6. ⑤가 끓기 시작하면 채수 1/2컵에 들깻가루 2큰술, 전분 1큰술을 넣어 푼 물을 팬에 함께 넣고 저으면서 끓여 농도를 걸쭉하게 한다. 마지막에 간을 보아 싱거우면 소금으로 간을 맞춘다.

단호박맑은조림

포슬포슬한 식감과 단맛이 뛰어난 단호박을 채수와 참기름만으로 조린 음식. 샐러드처럼 즐겨도 맛과 영양이 일품이다.

재료 미니 단호박 1개, 참기름 1큰술, 소금 1큰술, 채수 2컵, 통깨 약간

만드는 법

1. 채수는 기본 만들기를 참고해 끓여 분량만큼 준비한다.
2. 단호박은 껍질째 수세미로 문지르면서 깨끗이 여러 번 씻는다. 갈라서 씨를 빼고 사방 2cm 크기로 썬다.
3. 달군 팬에 참기름을 두른 뒤 ①의 채수 2컵을 붓는다. 여기에 ②의 단호박과 소금을 넣고 국물이 자작해질 때까지 끓인다.
4. 그릇에 담고 통깨를 솔솔 뿌려 낸다.

단호박두부범벅

단호박은 쪄서 그대로 먹어도 맛있지만 두부, 밤과 함께 으깨 버무리면 영양가가 더 높아지고 건강 샐러드로 즐기기에도 좋다.

재료 미니 단호박 1개, 두부 1/2모, 밤 3개, 참기름 1큰술, 소금 1작은술

만드는 법

1. 단호박은 껍질째 수세미로 문질러 깨끗이 씻는다.
2. 김 오른 찜기에 넣고 쪄낸 뒤 껍질을 벗긴다.
3. ②의 껍질 벗긴 호박을 깍뚝썰기 한다.
4. 호박과 껍질 벗긴 밤을 다시 찜기에 넣어 함께 찐 다음 으깬다.
5. 두부는 끓는 물에 넣어 데친 뒤 면보에 넣고 으깨면서 물기를 꼭 짠다.
6. 볼에 단호박과 두부, 밤을 넣고 참기름, 소금으로 간을 맞춰 골고루 버무린 뒤 그릇에 담아 낸다.

더덕구이

특유의 쌉싸래한 향기가 코끝을 간질이며 입맛을 돌게 한다. 참기름, 고추장, 조청으로 양념해 팬이나 그릴에 살짝 구우면 별미다.

재료

더덕 4개
고추장·조청·참기름 1큰술씩
통깨 약간

만드는 법

1. 더덕은 껍질을 벗기고 반을 갈라 밀대로 가볍게 두들겨 부드럽게 만든 뒤 칼로 얇게 자른다.
2. 분량의 재료를 잘 섞어 더덕 양념장을 만든다.
3. 손질한 더덕에 양념을 골고루 바른다.
4. 팬을 올려 불을 켜고 약한 불에서 앞뒤로 뒤집어가며 굽는다. 중간중간 양념장을 발라가면서 타지 않고 아삭한 식감이 살도록 구워 완성한다.
5. 접시에 담고 통깨를 솔솔 뿌려 낸다.

Tip. 더덕은 인삼과 동일하게 사포닌이 주성분으로, 예부터 식용은 물론 약용으로도 많이 사용되어온 채소다. 산더덕은 특히 향이 진하고 약성이 뛰어난데, 우수한 약리 작용은 혈압 하강과 조혈, 향피, 자양강장, 젖 분비 촉진 등에 효과 있다. 생채로 무쳐도, 살짝 구워 먹어도 맛있으며, 가을 더덕으로 장아찌를 만들면 깊은 향이 그대로 배어들어 좋은 풍미를 낸다.

도라지구이

손질이 다소 번거로워도 쌉싸래하고 아삭한 식감이 입맛 돋우는 일품요리. 들깻가루를 듬뿍 뿌려 고소한 풍미를 더했다.

재료

도라지 4개(100g), 들기름 1큰술, 들깻가루 적당량
*간장 양념 집간장 1큰술, 배즙 2큰술, 조청 1큰술, 채수 1/2컵

만드는 법

1. 도라지는 천일염을 뿌려 골고루 문지른 뒤 깨끗이 헹군다.
2. ①을 밀대로 자근자근 두드려 부드럽게 만든다.
3. 냄비에 분량의 재료를 넣고 잘 섞으면서 끓여 간장 양념을 만든다.
4. ②의 손질한 도라지에 간장 양념을 골고루 펴 바른 뒤 잠시 재워둔다.
5. 달군 팬에 들기름을 두른 다음 양념한 도라지를 올려 약한 불에서 앞뒤로 뒤집어가며 가볍게 굽는다.
6. ⑤를 접시에 가지런히 올린 뒤 들깻가루를 듬뿍 뿌려 낸다.

Tip. 쌉싸름한 맛을 내는 도라지 역시 사포닌이 주성분으로, 면역 기능을 강화하며 꾸준히 섭취하면 목감기, 천식, 기관지염 등에 효과가 있다. 도라지 특유의 쓴맛을 없애려면 손질할 때 천일염을 뿌려 씻어준다.

모둠버섯구이

버섯은 그 자체의 향을 음미하며 먹는 즐거움이 가장 큰 채소다. 일반적으로 즐기는 버섯에 석이버섯, 목이버섯 등 흔치 않은 종류까지 더해 참기름에 살짝 구워 내면, 각각의 풍미가 어우러져 쉽고도 건강한 일품요리가 완성된다.

재료

표고버섯 1개, 느타리버섯 20g, 양송이버섯 2개, 목이버섯 5g, 석이버섯 5g, 참기름 적당량, 소금 약간

만드는 법

1. 목이버섯은 찬물에 잠시 담가 가볍게 씻은 뒤 체에 밭쳐 물기를 빼둔다. 줄기를 제거하고 먹기 좋은 크기로 썬다.
2. 표고버섯은 표면을 깨끗이 닦은 뒤 기둥을 떼어내고 도톰하게 썬다.
3. 느타리버섯은 물에 헹궈 물기를 제거하고 손으로 가닥가닥 나눈다.
4. 양송이버섯은 손으로 기둥을 떼어내고 흐르는 물에 재빨리 씻어 물기를 닦은 뒤 도톰하게 썬다.
5. 석이버섯은 미지근한 물에 20분 정도 불리고, 물에 담가 살살 문지르며 깨끗이 씻는다. 버섯이 큰 경우 1~2개씩 씻어 모래나 이물질을 꼼꼼히 제거해준다.
6. 손질한 모든 버섯을 한데 넣고 참기름으로 조물조물 무친 다음 달군 팬에 올려 굽는다. 굽는 도중 소금을 뿌려 간한다.

구운석이버섯마말이

비타민 D가 풍부한 석이버섯을 구워 마를 돌돌 감싼, 건강하고 고급스러운 풍미의 초대 요리. 작은 크기의 석이버섯을 사용할 때는 미나리 줄기로 묶어 모양을 내기도 한다. 버섯을 구울 때 밑간을 하므로 별도의 양념장을 곁들일 필요가 없다.

재료 석이버섯 30g, 마 50g, 참기름 1큰술, 집간장 1큰술

만드는 법

1. 석이버섯은 끓는 물에 넣었다가 바로 건져낸다. 물에 담가 살살 문지르면서 모래나 이물질을 꼼꼼히 제거하며 여러 번 씻는다.
2. 버섯 중앙의 딱딱한 부분은 돌에 부착되는 부분이므로 떼어낸다.
3. 물기를 제거한 뒤 참기름, 집간장으로 간한다.
4. 달군 팬에 석이버섯을 펼쳐 올리고 녹색빛이 날 때까지 앞뒤로 굽는다.
5. 마는 씻어서 껍질을 벗긴 뒤 4~5cm 정도 길이, 1cm 폭의 스틱 모양으로 자른다.
6. 마의 미끈거리는 성분을 없애기 위해 마른 팬에서 2~3분 정도 뒤적거리면서 살짝 구워준다. 오븐에 구워도 상관없다.
7. 구운 버섯 1장을 펼치고 중앙에 마 스틱을 올린 다음, 버섯 양쪽을 감싼 채로 돌돌 말아 낸다.

우엉잡채

곱게 썬 우엉채와 갖은 채소만으로 만드는 경우도 많으나, 달착하게 볶은 당면을 함께 넣어 버무리면 한층 풍성한 맛을 느낄 수 있다.

재료

우엉 50g
당면 60g
풋고추 2개
홍고추 1개
집간장 2큰술
참기름 2큰술
사탕수수 원당 1큰술
조청 1큰술
채수 1컵
통깨 1큰술
후춧가루 약간

만드는 법

1. 채수는 기본 만들기를 참고해 끓여 분량만큼 준비한다.
2. 우엉은 칼끝으로 껍질을 살살 문질러 벗기고 깨끗이 씻어 5~6cm 길이로 토막 내어 곱게 채 썬다.
3. 청·홍고추는 씻어서 반을 갈라 씨를 제거한 뒤 곱게 채 썬다.
4. 채수에서 건진 표고버섯은 물기를 제거하고 곱게 채 썬 다음, 집간장과 참기름으로 밑간해 달군 팬에 볶는다. 팬의 남은 열로 ②의 고추도 살짝 볶아둔다.
5. 당면은 끓는 물에 삶는다. 면이 반투명해지면 찬물에 헹궈 채반에 밭쳐 물기를 뺀다.
6. 팬에 집간장 1큰술과 참기름 1큰술, 채수 1컵, 사탕수수 원당 1큰술을 넣고 ⑤의 당면을 넣어 충분히 볶는다.
7. 팬에 채수 1컵과 참기름 1큰술, 집간장 1큰술을 넣고 잘 섞는다. ①의 채 썬 우엉을 넣어 충분히 볶다가 남은 채수를 마저 넣고 조린다.
8. 볼에 ⑥의 볶은 당면과 우엉, 표고버섯, 고추를 넣고 통깨와 후춧가루를 뿌려 골고루 버무린다.

우엉전

찐 우엉을 자근자근 두드려 납작하게 펼치고 부침옷을 얇게 입혀 부쳐낸, 쫄깃하고 아삭한 식감이 좋은 부침개.

재료

우엉(중간 굵기) 2~3대
우리밀 밀가루 1/2컵
물 1/2컵
집간장 1작은술
부침 기름(식용유 1큰술, 들기름 1큰술)

*양념장
고춧가루 1/2작은술
집간장 1큰술
참기름 1큰술
깻가루 1/2작은술

만드는 법

1. 우엉은 껍질을 칼끝으로 살살 긁어 벗긴 뒤 깨끗이 씻는다. 5cm 길이로 토막 내 김 오른 찜기에 넣고 중간 불에서 쪄낸다.
2. 분량의 재료를 한데 넣고 잘 섞어 양념장을 만든다.
3. 체에 친 밀가루에 물 1/2컵, 집간장 1작은술을 넣고 잘 섞어 되직한 부침옷을 만든다.
4. 찜기에 쪄낸 우엉을 반으로 가른 다음, 도톰한 부분을 밀대로 살살 두드려가며 넓적하게 편다.
5. 우엉에 ②의 양념장을 골고루 펴 바른다.
6. 팬을 가열하기 시작하면서 우엉을 펼쳐 올리고, ③의 반죽을 숟가락으로 조금씩 떠 펴 바른다.
7. 팬 가장자리로 부침 기름을 두르고 앞뒤로 노릇하게 지져낸다.

Tip. 우엉을 찐 다음 두드리면 고유의 단맛이 나온다. 씹을수록 단맛이 느껴지는데, 우엉전을 부친 뒤 평소 식탁 한편에 놓아두고 집어 먹는 건강 간식으로도 훌륭하다.

연근녹차전

크레이프 같은 얇은 반죽 위에 그림을 그리듯 연근을 얹어 한 판으로 부쳐내는 이색 전. 담백한 전에 녹차 특유의 진한 향을 입혀 기분 좋은 풍미를 즐기는 것이 맛의 포인트다.

재료

연근 50g, 부침옷(우리밀 밀가루 1/2컵, 녹찻가루 1작은술, 소금 약간, 물 적당량), 올리브유 2큰술

만드는 법

1. 연근은 깨끗이 씻어 껍질을 벗기고 0.2~0.3mm 두께로 얇게 슬라이스한다.
2. 볼에 체에 내린 분량의 밀가루와 녹찻가루, 소금을 넣고 물을 조금씩 부어가며 섞어 되직한 부침옷을 만든다.
3. 달군 팬에 ②의 부침옷을 떠 넣고 사각 모양으로 얇게 편다. 위에 연근 슬라이스를 한 장씩 펴 올려 적당히 익힌다.
4. ③을 뒤집어 연근 면도 노릇하게 익힌 뒤 접시에 한 장을 그대로 담아 낸다.

미나리전

살짝 데친 푸릇한 미나리를 짧게 잘라 부침옷 위에 얹어 지지는 향기로운 전.

재료

미나리 100g, 부침옷(우리밀 밀가루 1/2컵, 집간장 1작은술, 물 적당량), 부침 기름(들기름 1큰술, 식용유 1큰술)

만드는 법

1. 미나리는 뿌리 쪽의 억센 부분을 잘라내고 누런 잎을 떼어낸다. 식촛물에 10분 정도 담가둔 뒤 흐르는 물에 깨끗이 씻어 물기를 뺀다.
2. ①의 미나리를 5~6cm 정도 길이로 자른 다음 끓는 물에 굵은소금을 넣고 30초 정도 데친 다음 찬물에 헹궈 물기를 꼭 짠다.
3. 체에 내린 밀가루에 물, 집간장을 넣고 잘 섞어 되직한 부침옷을 만든다.
4. 달군 팬에 부침 기름을 두르고 반죽을 한 국자 떠 넣는다. 반죽 위에 미나리를 일렬로 가지런히 올리고, 반죽 면을 어느 정도 익으면 앞뒤로 뒤집어가며 노릇하게 부쳐낸다.
5. 초고추장은 p.183의 만드는 법을 참고해 만든 뒤 전에 곁들여 낸다.

풋콩전

비트, 또는 백련초가루를 이용해 자주색 부침옷을 만든 뒤 삶은 콩을 그대로 올려 부쳐낸 이색 전. 예쁜 색감이 보기 좋고 풍부한 단백질과 비타민을 섭취할 수 있어 건강에도 좋다.

재료(1인분)

풋콩(호랑이콩, 울타리콩,
제비콩 등) 1컵
비트가루(또는 백련초가루) 1작은술
물 1컵
우리밀 밀가루 1/2컵
소금 약간
올리브유 2큰술

만드는 법

1. 풋콩은 반나절 정도 불린다. 끓는 물에 소금을 넣고 풋콩을 삶아 익힌다.
2. 천연 비트가루는 1컵 분량의 물에 풀어둔다.
3. 체에 내린 밀가루에 비트물과 소금을 넣고 잘 섞어 되직한 부침옷을 만든다.
4. 달군 팬에 올리브유을 두르고 비트 부침옷을 1큰술씩 떠 올려 납작하게 편다.
5. ④ 위에 삶은 콩을 그대로 얹어 익힌다.
6. 아랫면이 익으면 뒤집어서 30초 정도 익힌 다음 접시에 담아 낸다. 콩이 커서 흐트러질 것 같으면 뒤집지 않아도 상관없다.

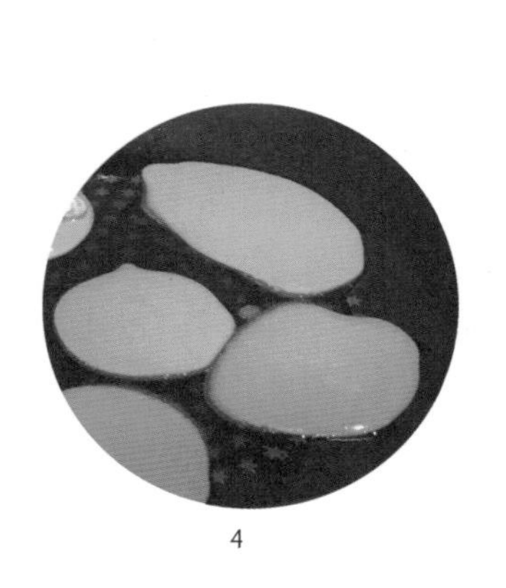
4

5
6

Tip. 풋콩전은 울타리콩(호랑이콩, 제비콩 등)을 미리 삶아 익혀 사용하므로, 프라이팬에 부칠 때 굳이 뒤집지 않아도 된다. 반죽이 전병같이 얇기 때문이다. 콩을 갈아 반죽과 섞어 사용할 때는 앞뒤로 뒤집어가며 부쳐낸다.

고추장떡

고추장, 된장이 들어간 반죽에 입맛 따라 다양한 채소를 넣고 지져낸 장떡은, 금방 만들어 뜨거울 때보다도 식었을 때 쫀득한 제맛을 즐길 수 있는 것이 특징이다. 예부터 먼 길을 갈 때 '행찬行饌' 음식으로 요긴했으며 우리 입맛에 잘 맞는 도시락 메뉴로도 안성맞춤이다.

재료

애호박 1/4개, 표고버섯 1~2개, 청 · 홍고추 1개씩, 우리밀 밀가루 1/3컵, 고추장 2큰술, 된장 1큰술, 물 3큰술, 부침 기름(식용유 1큰술, 들기름 1큰술)

만드는 법

1. 애호박은 깨끗이 씻어 속 부분을 제거하고 곱게 다진다.
2. 깨끗이 닦은 표고버섯도 기둥을 떼어낸 뒤 물기 없이 곱게 다진다.
3. 청·홍고추는 깨끗이 씻어 씨를 제거하고 다진다.
4. 체에 내린 밀가루에 분량의 고추장, 된장, 물을 넣고 잘 섞어 되직한 반죽을 만든다. 여기에 ①~③의 다진 채소를 모두 넣고 잘 섞어준다.
5. 달군 팬에 부침 기름을 두르고 장떡 반죽을 한 숟가락씩 떠 올린다. 중약불에서 천천히 앞뒤로 부쳐낸다.

Tip. 장이 들어가 쉽게 타기 때문에 특히 불 조절에 유의해야 한다. 팬을 달군 다음 불을 낮춘 상태로 전을 부치면 타지 않는다.

카레밥동그랑땡

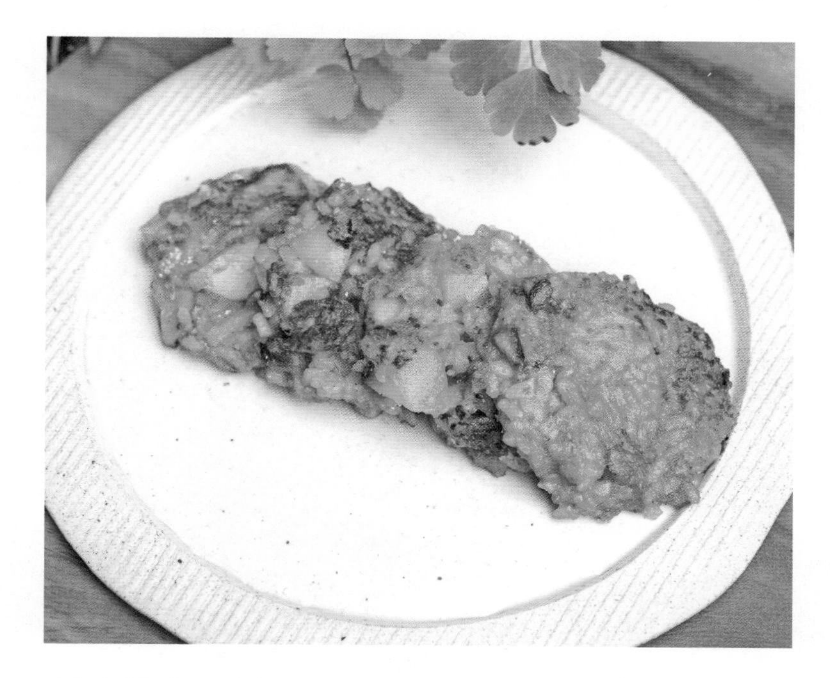

잘게 썬 각종 채소를 넣어 카레 소스를 만든 뒤 밥과 버무려 한입 크기로 부쳐 먹는 별미 밥전.

재료(2~3인분) 밥 2공기, 감자(중간 크기) 1개, 표고버섯 2개, 당근 30g, 애호박 40g, 양배추 30g, 카레가루 3큰술, 물 적당량, 부침 기름(식용유 1큰술, 들기름 1큰술), 올리브유 3큰술, 전분 1큰술, 소금 약간

만드는 법

1. 감자는 껍질을 벗겨 작은 크기로 깍뚝썰기 한다.
2. 표고버섯은 깨끗이 닦아 기둥을 떼어내고 감자처럼 작게 썬다.
3. 당근, 애호박, 양배추도 깨끗이 씻은 뒤 잘게 썬다.
4. 팬을 달군 뒤 올리브유를 3큰술 두르고 ①~③의 모든 채소를 넣어 볶는다. 이때 소금을 약간 뿌려 간한다.
5. 카레가루에 물을 부어 걸쭉한 농도로 갠 뒤 ④의 팬에 넣고 채소와 버무리면서 익힌다.
6. ⑤의 카레 소스에 준비한 밥 2공기를 넣고 골고루 비빈다.
7. 달군 팬에 부침 기름을 두르고 카레밥을 한 스푼씩 떠 올려 동그랗게 모양을 잡으면서 굽는다. 아랫면이 익으면 전분을 솔솔 뿌린 다음 뒤집어서 다시 익혀 완성한다.

사색나물밥전

명절에 먹고 남은 나물을 밥과 섞어 만드는 비빔밥 부침개. 평소에도 냉장고 속 어떤 자투리 채소든 재료로 활용할 수 있으며, 송송 다진 김치를 함께 넣어도 맛있다.

재료(5~6개 분량)

밥 1공기
콩나물무침 100g
취나물무침 80g
당근 30g
표고버섯 2개
참기름 · 집간장 약간씩
부침옷(우리밀 밀가루 3큰술, 집간장 1큰술, 물 적당량)
부침 기름(들기름 1작은술, 식용유 1작은술) 적당량

만드는 법

1. 콩나물무침과 취나물무침 만드는 법은 각각 p.71, p.229를 참고한다.
2. 당근은 씻어 껍질을 벗겨 곱게 다진다.
3. 표고버섯은 깨끗이 닦고 기둥을 떼어낸 다음 곱게 다진다. 참기름, 집간장으로 밑간해 살짝 볶는다.
4. 볼에 밥과 ①~③의 재료를 모두 넣고 고루 비벼서 비빔밥을 만든다.
5. 밥을 둥글납작하게 빚는다.
6. 분량의 재료를 섞어 만든 부침옷에 ⑤를 넣었다가 건진 다음, 달군 팬에 부침 기름을 두르고 앞뒤로 노릇하게 지져낸다.

콩불고기 라이스버거

빵과 밥과 콩불고기의 조화가 이색적인 음식으로, 한 끼 도시락 메뉴로도 훌륭하다. 속재료에 이미 양념이 되어 별다른 소스가 필요 없다.

재료(2개 분량)

찬밥 1공기
샌드위치 식빵 2장
콩단백 30g
당근 20g
표고버섯 1개
양배추 20g

*콩불고기 양념
집간장 3큰술
배즙 1/2개 분량
참기름 2큰술
조청 1큰술
후춧가루 약간

만드는 법

1. 콩단백은 찬물에 30분 정도 불린 다음 두어 번 맑은 물에 헹궈 물기를 꼭 짠다.
2. 분량의 재료를 한데 넣고 잘 섞어 콩고기 양념장을 만든 다음, ①을 넣고 버무려 간이 배도록 재운다.
3. 당근은 깨끗이 씻어 껍질을 벗긴 뒤 곱게 채 썬다.
4. 표고버섯은 표면을 깨끗이 닦은 뒤 기둥을 떼어내고 채 썬다.
5. 깨끗이 씻은 양배추는 한입 크기로 썬다.
6. 재운 콩고기를 달군 팬에 올려 센 불로 불내 나게 굽는다.
7. 콩고기가 어느 정도 익으면 손질한 모든 채소를 함께 넣고 볶아 익힌다.
8. 적당한 크기의 도시락 틀에 밥 1/2 공기를 넣고 단단하게 눌러 사각으로 모양을 낸다.
9. 샌드위치 식빵은 가장자리를 잘라내고 2등분한다.
10. 반으로 자른 식빵 한 장을 바닥에 깔고 위에 ⑧의 밥을 올린다.
11. ⑩에 콩불고기를 펼쳐 얹고, 그 위에 다른 채소들을 골고루 얹는다.
12. 다른 식빵 한 장을 덮고 손바닥으로 꼭꼭 눌러 잘 고정한다.

Tip. 채소는 버거를 먹을 때 쉽게 흘러내리지 않도록 조금 큼직하게 썰어 넣는 것이 좋다.

죽순감자전병

얇은 피로 부쳐낸 감자전병 속에 다양한 채소를 입맛대로 가득 채워 먹는 채식 롤. 새콤달콤한 수제 오디 소스를 곁들이면 주말 브런치로, 아이 간식으로도 훌륭한 메뉴가 된다.

재료

감자 2개
우리밀 밀가루 1/3컵
소금 1/2큰술
죽순 50g
청오이 1개
적피망 1/4개
상추 10잎
다진 오디 3큰술
집간장·참기름 약간씩

*오디 소스
오디 1/2컵
배 1/6쪽
올리브유 1큰술
발사믹 식초 1큰술
소금 약간

만드는 법

1. 감자는 강판에 갈아 분량의 밀가루, 소금으로 간해 반죽을 한다.
2. 죽순은 쌀뜨물에 된장을 넣고 데쳐 찬물에 헹군다. 곱게 채 썰어 집간장과 참기름을 넣고 조물조물 무친다.
3. 청오이는 슬라이스하고, 적피망은 다져서 물기를 제거한다. 상추는 깨끗이 씻는다.
4. 달군 팬에 ①의 감자 반죽을 떠 올려 얇은 전병처럼 부친다.
5. ④ 위에 죽순과 오이, 피망을 올리고, 여기에 다시 상추와 다진 오디를 얹어 돌돌 만다.
6. 분량의 소스 재료를 믹서에 모두 넣고 갈아 걸쭉한 상태의 오디 소스를 만든다.
7. 3등분으로 잘라 접시에 담고, 오디 소스는 따로 곁들이거나 끼얹어 낸다.

Tip. 생죽순이 없는 경우에는 삶아 진공 포장한 시판 제품을 구입해 사용한다.

마샌드위치

아삭하고 수분이 많은 마 속에 두부 버무리를 끼워 먹는 채식 샌드. 각종 영양소가 골고루 들어 있어 한 끼 식사 대용으로 먹기에 충분하다.

재료

마 80g
두부 1/2모
감자 2개
표고버섯 2개
호두 2알
참기름·집간장 약간씩
검은깨 적당량
소금 약간

만드는 법

1. 마는 깨끗이 씻어 껍질을 벗기고 두께 0.5cm, 넓이 4×5cm 정도 크기로 썬다.
2. 두부는 면보에 싸 으깨고 물기를 꼭 짠 다음 소금으로 밑간한다.
3. 감자는 껍질을 벗겨 씻은 다음 강판에 곱게 간다.
4. 표고버섯은 표면을 깨끗이 닦고 기둥을 떼어낸 다음 곱게 다진다. 참기름, 집간장으로 밑간해 살짝 볶는다.
5. 호두는 곱게 다진다.
6. 볼에 ②~⑤의 재료를 한데 넣고 검은깨를 솔솔 뿌린 다음 골고루 버무려 섞는다.
7. ⑥을 마 크기에 맞춰 도톰 납작하게 빚는다.
8. ①의 마를 달군 팬에 올려 노릇한 색이 나도록 앞뒤로 굽는다.
9. 구운 마 1장 위에 ⑦의 빚은 두부를 올리고 다른 1장을 포개어 꼭 눌러준다.

3색 두부볼튀김

한입 크기 두부튀김에 카레가루, 녹찻가루, 백련초가루로 예쁜 색과 이색적인 맛을 입힌 별미 음식. 달콤한 꿀을 찍어 먹으면 훨씬 맛있다.

재료

두부 1모
고구마 100g
당근 40g
표고버섯 2개
청·홍고추 1개씩
카레가루·녹찻가루·
백련초가루 각 1작은술씩
전분 1/2컵
소금 1큰술
식용유 3컵
꿀 적당량

만드는 법

1. 두부는 면보에 싸 으깨고 물기를 꼭 짠 다음 소금으로 밑간한다.
2. ①을 3개의 볼에 나눠 담은 뒤 카레, 녹차, 백련초 3종류의 가루를 넣고 버무려 섞는다. 카레볼은 노란색, 녹차볼은 녹색, 백련초볼은 자주색을 띤다.
3. 당근, 표고버섯, 청·홍고추는 깨끗이 씻어 다진다.
4. 두부와 고구마, 각각의 채소를 색깔별로 나눈 다음 경단 모양으로 만든다.
5. 쟁반에 전분을 깔고 경단을 굴려 골고루 입힌다.
6. 튀김 냄비에 식용유 3컵을 붓고 180℃ 온도에서 튀겨낸다.
7. 키친타월에 올려 기름기를 뺀 뒤 접시에 담고, 꿀을 곁들여 낸다.

고구마두부볼

한 끼 식사는 물론 간식으로도 좋은 영양 만점 버무리. 재료의 담백한 맛에는 오미자청과 같이 새콤한 소스를 곁들여 찍어 먹으면 입맛을 한층 돋운다.

재료 고구마(중간 크기) 3개, 두부 1/2모, 소금·참기름 약간씩, 검은깨 적당량, 오미자청 적당량

만드는 법

1. 고구마는 찜기에 쪄 껍질을 벗기고 소금, 참기름으로 간한다.
2. 두부는 면보에 싸 으깨고 물기를 꼭 짠 다음 소금으로 밑간한다.
3. 볼에 ①, ②를 넣고 검은깨를 솔솔 뿌려 잘 버무려 섞는다.
4. ③의 버무리를 주먹밥 모양으로 동그랗게 빚는다.
5. 접시에 담고 오미자청을 곁들여 낸다.

단호박마샐러드

기분 좋은 단맛을 내면서 포만감도 주어 한 끼 식사로 즐기기 좋은 샐러드. 마를 함께 넣어 아삭한 식감을 더하고 건강한 느낌도 한층 더했다.

재료

단호박 250g, 마 80g, 통조림 옥수수 80g, 소금 1큰술, 참기름 1큰술

만드는 법

1. 단호박은 껍질을 벗기고 씨를 제거해 잘게 썬다. 찜기에 넣고 센 불에서 30분 이상 쪄 충분히 익힌다.
2. ①을 뜨거울 때 방망이로 살살 누르면서 으깬다. 이때 소금과 참기름을 1큰술씩 넣고 함께 잘 버무려 섞는다.
3. 마는 깨끗이 씻어 껍질을 벗긴 뒤 0.5cm 정도 크기로 작게 깍둑썰기한다. 달군 팬에 기름기 없이 살짝 구워 끈적한 성분을 없앤다.
4. 통조림 옥수수는 체에 밭쳐 물기를 제거한다.
5. 볼에 ②~④의 모든 재료를 넣고 잘 섞어 그릇에 담아 낸다.

고구마탕수

고구마와 표고버섯을 바삭하게 튀겨 새콤한 소스에 곁들여 내는 일품요리. 채수와 과일, 매실청으로 만든 탕수 소스 역시 건강한 맛을 느끼게 한다.

재료

고구마(중간 크기) 1개
청·홍 피망 1/4개씩
표고버섯 1개
전분 1/2컵
튀김 기름 적당량

*튀김옷
우리밀 밀가루 1/2컵
전분 1큰술
소금 약간
물 3/4컵

*탕수 소스
채수 1/2컵
전분 1작은술
집간장 1큰술
사과 1/2개
매실청 1큰술
참기름 약간

만드는 법

1. 고구마는 씻어 껍질을 벗기고 반을 가른 뒤 도톰한 두께로 납작납작 썬다.
2. 표고버섯은 표면을 깨끗이 닦고 기둥을 떼어낸 뒤 도톰하게 썬다.
3. 피망은 삼각형으로 썬다.
4. 체에 내린 밀가루와 전분, 소금, 물을 섞고 잘 치대 튀김옷을 만든다.
5. 고구마와 표고버섯에 전분을 골고루 묻히고 ④의 튀김옷을 입힌 다음, 180℃로 예열한 튀김 기름에 넣어 두 번 튀겨낸다.
6. 탕수 소스를 만든다. 사과는 강판에 갈아 체에 거른다.
7. 분량의 채수에 전분을 넣고 섞어 팬에 부어 끓인다. 끓기 시작하면 ③의 피망과 집간장, 사과즙, 매실청을 넣고 한소끔 끓인 다음, 불을 끄고 참기름을 넣어 소스를 완성한다.
8. 튀긴 고구마와 표고버섯을 접시에 보기 좋게 담고 탕수 소스를 부어 낸다.

채식소스 샐러드

두부, 셀러리, 견과류의 맛이 어우러져 마요네즈보다 더 고소하고 감칠맛 나는 마법의 드레싱이 주역이다. 취향에 따라 기본 소스에 단호박 등의 채소를 함께 넣어 맛에 변화를 주어도 좋다. 깻잎과 같은 토종 허브 종류와도 잘 어울린다.

재료(2인분)

양배추 50g
파프리카(빨강, 녹색) 1/4개씩
깻잎 3장

*채식 드레싱
셀러리 1대(40g)
두부 80g
호두 2알
올리브유 2큰술
배즙 3큰술
조청 1큰술
소금 1큰술

만드는 법

1. 양배추와 파프리카는 깨끗이 씻어 각각 5cm 정도 길이로 채 썬다.
2. 깻잎도 깨끗이 씻어 물기를 제거하고 같은 크기로 채 썬다.
3. 볼에 분량의 드레싱 재료를 모두 넣고 잘 섞은 다음, 믹서에 갈아 걸쭉한 농도의 소스를 만든다.
4. 접시에 준비한 채소를 가지런히 담고 소스를 뿌리거나 곁들여 낸다.

3

모둠채소콥샐러드

먹기 좋은 크기로 자른 각종 채소를 하나하나 정성껏 구워 보기 좋게 올려 내는 샐러드. 된장에 유자청을 첨가해 만든 특제 오리엔탈 드레싱과 담백한 구운 채소가 기분 좋게 어우러진 맛을 느낄 수 있다.

재료

두부 50g, 애호박 30g, 당근 30g, 연근 30g, 홍피망 1/4개, 표고버섯 1개, 밤 4개
*된장유자 드레싱 된장 1큰술, 유자청 1큰술, 들깻가루 1작은술

만드는 법

1. 깨끗이 씻어 손질한 두부, 애호박, 당근, 연근, 홍피망, 표고버섯은 모두 1×3cm 정도의 크기로 잘라 준비한다.
2. 밤은 껍질을 벗긴 뒤 얇게 편으로 썬다.
3. 달군 팬에 ①~②의 재료를 종류별로 하나씩 올려 겉면이 익을 정도로 가볍게 굽는다.
4. 분량의 재료를 한데 넣고 잘 섞어 된장유자 드레싱을 만든다.
5. ③의 구운 채소들을 접시에 보기 좋게 담고, 된장유자 드레싱을 곁들여 낸다.

버섯기름밥

다른 채소 재료는 전혀 없이 버섯 종류로만 만든 리소토 스타일의 한 끼 식사 메뉴. 부드러운 식감과 함께 버섯들이 만들어낸 자연의 깊은 풍미가 오롯이 배어 있다.

재료(1~2인분) 백미 1컵, 올리브유 2큰술, 생수 1 1/2컵, 표고버섯 1개, 만가닥버섯·팽이버섯·황금송이버섯 30g씩, 소금 약간

만드는 법

1. 쌀은 씻어 2시간 정도 불린다.
2. 표고버섯은 표면을 깨끗이 닦은 뒤 기둥을 떼어내고 도톰하게 채 썬다.
3. 만가닥버섯, 팽이버섯, 황금송이버섯은 각각 밑동을 잘라내고 먹기 좋은 크기로 떼어낸 뒤 깨끗이 씻어 물기를 빼둔다.
4. 냄비에 불린 쌀을 넣고 올리브유를 두른 뒤 주걱으로 뒤적거리면서 볶는다.
5. ④에서 김이 나기 시작하면 분량의 생수를 붓고 끓이면서 익힌다.
6. ⑤가 다시 끓으면 불을 낮추고 뚜껑을 덮은 채 익힌다.
7. ②, ③의 버섯을 모두 넣고 골고루 섞은 다음 끓여 마저 익힌다. 소금으로 간을 맞춰 완성한다.

해초기름밥

오독오독한 식감의 꼬시래기, 톳, 미역 등의 해조류는 미세먼지에도 효과 있어 평소 꼭 챙겨 먹어야 할 식재료다. 마트에서 손쉽게 구하는 모둠 해초 샐러드만 있으면 소화 잘되는 리소토 스타일의 해초밥을 만들 수 있다.

재료(1~2인분)

백미 1컵
시판용 해초 샐러드 1팩(150g)
들기름 2큰술
들깻가루 2큰술
표고버섯 1개
채수 2컵
집간장 1큰술

만드는 법

1. 채수는 기본 만들기를 참고해 끓여 분량만큼 준비한다.
2. 쌀은 씻어 2시간 정도 불린다.
3. 해초 샐러드는 물에 한 번 헹군 뒤 체에 밭쳐 물기를 빼고 잘게 다진다.
4. 표고버섯은 깨끗이 닦아 기둥을 떼어낸 뒤 얇게 썬다.
5. 냄비에 불린 쌀을 넣고 들기름을 두른 뒤 불을 켜고 주걱으로 뒤적거리며 볶는다.
6. ⑤가 익으면서 김이 오르면 다진 해초와 표고버섯을 함께 넣고 볶다가 채수 2컵을 붓고 끓인다.
7. ⑥이 세게 끓어오르면 불을 낮춘 다음, 들깻가루 2큰술을 넣고 끓여 마저 익힌다.

김치만두

'만두의 생명이 육즙이면 김치만두는 김치즙이 생명이다.
김치만두를 빚을 때마다 하는 말이다. 익은지와 갖은 채소 다진 것을
참기름에 무치고 볶아 한층 고소한 맛의 만두소를 맛볼 수 있다.

재료(10개 분량)

만두피(시판용) 10장
다진 익은지(또는 신김치) 1컵 분량
두부 60g
표고버섯 2개
시금치 30g
숙주 50g
당근 20g
청·홍고추 1개씩
애호박 30g
집간장·참기름 적당량씩
소금·후춧가루·통깨 약간씩
식용유 적당량

2

5

만드는 법

1. 두부는 면보에 싸 으깨고 물기를 꼭 짠다. 볼에 으깬 두부를 넣고 참기름, 소금, 후춧가루를 넣어 밑간한다.
2. 표고버섯은 깨끗이 닦아 곱게 다진 다음, 참기름과 집간장으로 밑간해 살짝 볶아둔다.
3. 숙주와 손질한 시금치는 끓는 물에 넣고 삶아 물기를 꼭 짠 다음 잘게 썰어 참기름과 집간장으로 조물조물 무친다.
4. 껍질 벗긴 당근과 씨를 제거한 청·홍고추도 곱게 다진다. 참기름을 두른 팬에 다진 당근을 먼저 넣어 볶고, 잔열을 이용해 다진 고추도 볶아낸다.
5. 익은지는 속을 털어내고 잘게 다져 물기를 꼭 짠 다음 참기름과 통깨를 넣고 버무려 중간 불에서 볶는다. 이때 아삭한 식감이 살 정도로 볶아준다.
6. 애호박은 잘게 다져 집간장과 참기름으로 간한 뒤 달군 팬에 볶는다.
7. 볶은 재료들이 식으면 큼직한 볼에 모든 재료를 넣고 가볍게 치대면서 잘 섞어 만두소를 만든다.
8. 만두피에 만두소를 충분히 떠 올리고, 테두리에 물을 살짝 발라 양면을 모으면서 납작하게 모양을 내어 만두를 빚는다.
9. 달군 팬에 기름을 두르고 만두를 앞뒤로 바삭하게 굽는다.

버섯만두

각종 버섯을 다져 넣어 향긋한 풍미와 육즙을 동시에 즐길 수 있는 별미 음식. 만두를 넉넉하게 빚어 한 번 쪄서 냉동 보관해두면 출출할 때 바로 꺼내 먹을 수 있는 영양 간식이 된다.

재료(10개 분량)

만두피(시판용) 10장
두부 60g
표고버섯 1개
당근 20g
목이버섯 20g
느타리버섯 30g
양송이버섯 30g
팽이버섯 30g
양배추 50g
집간장·들기름·
들깻가루 적당량씩
소금 약간

만드는 법

1. 두부는 면보에 싸 칼등으로 으깨고 물기를 꼭 짠다. 볼에 으깬 두부를 넣어 들깻가루, 들기름, 소금을 넣고 밑간해 치댄다.
2. 표고버섯은 표면을 깨끗이 닦아 곱게 다진 다음, 들기름과 집간장으로 밑간해 살짝 볶아둔다.
3. 깨끗이 손질한 목이버섯, 느타리버섯, 양송이버섯, 팽이버섯과 당근은 각각 곱게 채 썰어 들기름과 집간장으로 밑간한 다음, 달군 팬에 함께 넣고 볶는다.
4. 양배추도 깨끗이 씻어 곱게 다져 달군 팬에 넣고 센 불에서 소금으로 간해 볶는다.
5. 볶은 재료들이 식으면 큼직한 볼에 모든 재료를 넣고, 가볍게 치대면서 잘 섞어 만두소를 만든다.
6. 만두피에 만두소를 충분히 떠 올리고, 테두리에 물을 살짝 발라 양면을 꼬집듯이 모으면서 모양을 내어 만두를 빚는다.
7. 김이 오른 찜기에 넣고 20분 정도 쪄낸다.

6-1

6-2

Tip. 만두피 만들기

재료_ 강력분 2컵, 물 100ml, 올리브유 2작은술, 소금 약간, 덧가루용 밀가루 1/4컵

만드는 법_ 밀가루를 체에 곱게 내리고 분량의 재료를 한데 넣고 잘 치대어 반죽을 만든다. 비닐봉지에 담아 만두피가 보들보들해지도록 30분 정도 숙성시킨다. 숙성된 반죽을 가래떡 모양으로 굴린 다음 통통 썬다. 도마에 덧가루를 뿌리고 썬 반죽을 하나씩 올려 밀대로 밀어 얇은 피를 만든다.

탐식 그리고 소식의 미학

봄, 여름, 가을, 겨울 사계절은 때마다 우리가 필요로 하는 것을 골고루 나눠준다. 자연은 인간에 의해 끊임없이 파괴되었는데도 스스로 치유를 반복하며 묵묵히, 인간에게 무언가를 제공해왔다. 즉 자연과 인간은 함께 도를 닦는 '도반道伴'처럼 우주라는 공간 속에서 살아가는 것이다. 따라서 서로 돕는 체계가 되지 않는다면 자연과 인간 모두 생존의 위험에 빠질 수밖에 없다. 최근 수년간 북극과 남극은 물론 전 세계 대륙과 바다에서 하루가 멀다 하고 들려오는 이상기후 뉴스는 이미 경고 수준을 넘은 듯하다. 결국 서로를 잘 이해하면 상생할 수 있으나 계속해서 배려와 통찰, 지혜 없이 인간의 고집만으로 살아간다면 공멸도 머지않았다.

그런데 이러한 위협을 거론할 때 가장 작게 드러나면서 가장 크게 와닿는 것이 바로 우리 '몸의 증상'으로 나타나는 육체적, 혹은 정신적 질병이다. 나는 의사가 아니라 자연주의자이기에 음식을 통해 병을 완화할 수 있다고 믿는 편이다. 그러나 병의 치유를 소망하며 금수암을 찾는 꽤 많은 암 환자들을 모두 받아들여 이들에게 다른 섭생과 마음가짐을 알려주는 것은 생각보다 힘든 일이며 한계가 생긴다. 여러 날에 걸쳐 찾아온 병의 원인과 결과를 이들의 바람대로 단기간에 바꾼다는 것은 상식적으로 불가능한 일이다. 그리고 무엇보다도 우리 자신의 '마음 그릇'에 무엇을 담느냐에 따라 삶은 건강과 질병, 또는 행복과 고통의 양극으로 향한다.

개인의 마음 그릇에는 무엇이 우선적으로 존재할 수 있을까? 사실 질병 역시 욕망의 마음 그릇에서 기인한다. 근본이 되는 다섯 가지 욕망, 즉 오욕五慾은 식욕, 수면욕, 성욕, 재욕 그리고 명예욕을 일컫는다. 이 중에서도 식욕은 거의 대부분의 사람이 지닌 욕망으로 꼽히는데, 인간은 생존을 위해 끊임없이 음식을 섭취해야 하는 만큼 가장 끊기 힘든 것이기도 하다. 단지 한 가지 일러둘 점이 있다. 기본 생존을 넘어선 탐식이야말로 몸의 균형을 깨뜨리고 질병으로 끌어들인다는 것이다. 다시 말해 식욕만 잘 조절해도 오욕에 해당하는 다른 욕망들을 잠재울 수 있다는 이야기다. 먹는 것, 먹는 행위에 대한 조절의 힘은 생각보다 엄청나며, 따라서 식사 조절은 매우 중요하다. 여기서 핵심은 '무엇을 어떻게 먹을 것이냐'다.
적을 알고 나를 알면 백전불패라 했다. 왜 우리는 이런 욕망들을 마음 그릇에 담은 채 스스로를 지치고 힘겹게 하는 것일까? 그 원인을 찾아본다면 치유에 대한 답도 찾을 수 있을 것이다. 그렇게 스스로 확인된 마음은 지혜를 품고, 더 이상 어떠한 마음의 독에도 물들지 않는다. 마음에 품어서는 안 될 삼독三毒은 바로 탐貪, 진瞋, 치痴인데, 그중 가장 보편적으로 드러나는 것이 '탐하는 욕망'이다. 탐하는 마음에서 비롯된 '거짓된 나'를 보호하고 그 뜻을 따르는 과정에서 탐욕이 생겨난다. 이것은 계속 더 큰 욕망을 행복이라 여기게 하며, 결국 채워지지 않으면 고통스러워하고 불안해하며 번뇌에 물들게 된다. 이러한 마음은 우리가 대수롭지 않게 생각하는 '식탐'에서 출발한다고 해도 무방할 것이다. 그렇다면 어떤 탐심이 나를 사로잡는 것일까?

우리나라의 경우 현재와 같은 식생활 형태가 자리 잡기 시작한 지는 채 40년도 되지 않았다. 다른 어느 나라와도 달리 매우 짧은 시간에 걸쳐 급속히 음식 문화 형태가 바뀐 경우다. 과거에 단백질 섭취 목적으로 절기마다 특별식을 먹거나 마음먹고 외식하며 기름진 음식을 맛보는 특별한 상황이 필요했다는 사실을 상상이나 하겠는가. 싸고 비싸고의 차이는 있을지언정 거리에 고깃집은 넘쳐난다. 외식 문화만큼이나 발전한 배달 음식 문화 역시 이제 한국의 대표적인 식문화로 자리 잡았다. 이러한 우리 일상의 변화는 세대가 바뀌면서 품격 유지, 즉 겉치레라는 욕망을 만들어 냈고 결국 식탁 위의 탐욕도 불러왔다. 그래서일까, 한 끼 식사 후 남은 반찬이나 국, 찌개를 아무 생각 없이 버리며 환경을 오염하는 데에 대한 죄책감은 사라졌다. 좋은

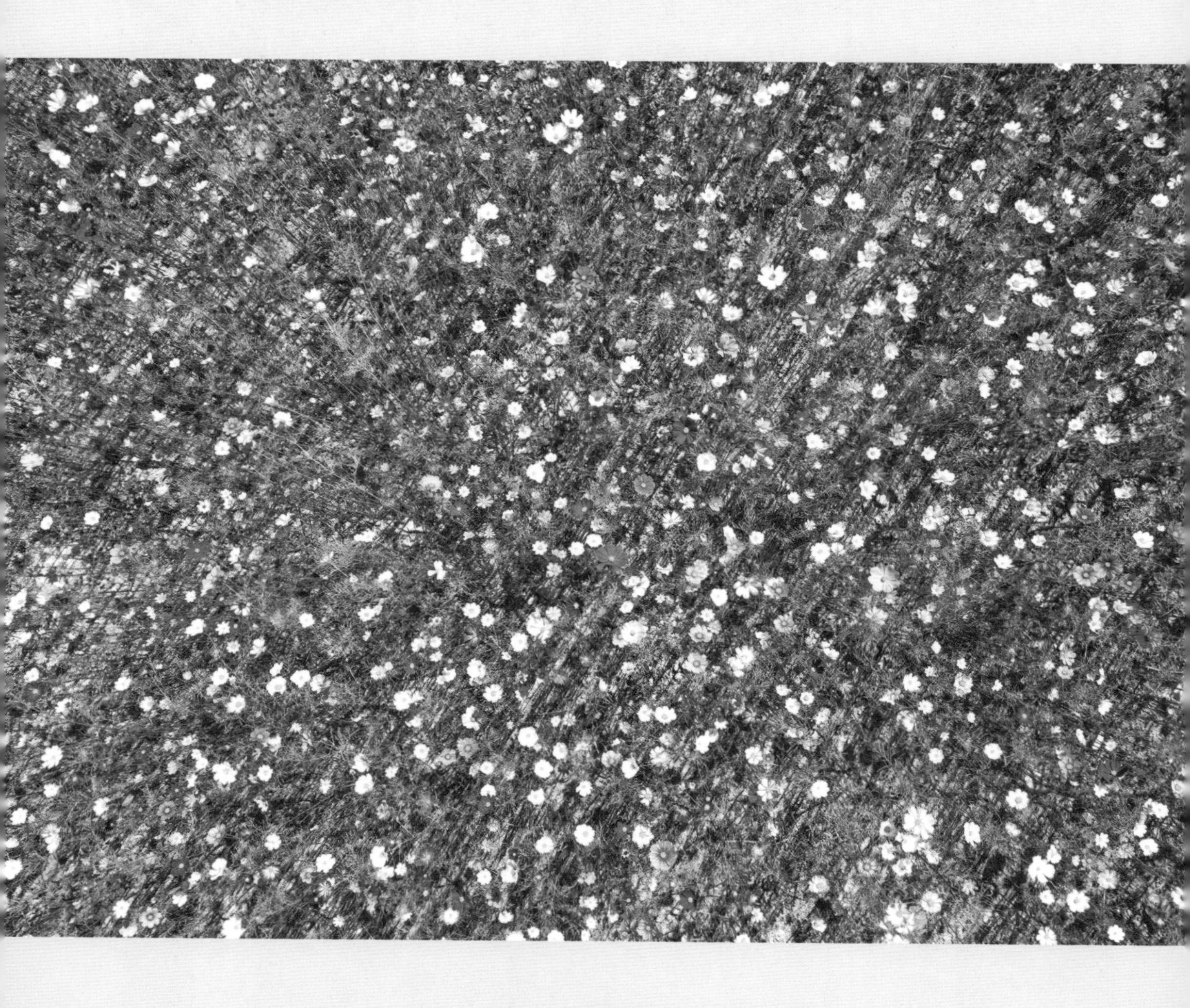

음식을 먹어야 한다는 명목하에 냉장고를 두 대 이상 사용하고 김치냉장고까지 따로 두면서 온갖 음식을 채우는 가정도 많지만, 이는 탐심을 채워가는 모습으로만 보인다. 일상에서 냉장고를 최대한 비우며 사는 것이야말로 탐심을 줄이고 건강을 지키는 방법이라고 생각한다. 냉장고를 비우는 동시에 육식에 대한 집착도 비웠으면 한다. 식습관에 대한 탐심은 탐식과 함께 육식 또한 큰 공범이 되기 때문이다. 우리가 이러한 탐심을 잠재울 수 있는 방법은 바로 소식小食이다. 물론 때가 되어 자연스럽게 받아들이는 상황이 아닌 이상에야 바로 실천하는 것은 쉽지 않다. 단지 모든 것은 결심한 순간에 시작되는 만큼 깨닫는 순간 실천해나가면 그만이다. 소식은 욕망을 줄이는 작업인 만큼 마음을 길들이는 방법부터 찾는 것이 좋다. 만약 밥을 잘 차려 먹지 않는 사람이라면 두부 한 모, 양배추 한 통이라도 손수 사서 조리하는 경험이 중요하다. 양배추를 잘 씻어 찜통에 넣고 두부는 반 모 정도 썰어 끓는 물에 살짝 데친다. 접시에 먹을 만큼 담은 다음 밥도 평소의 양만큼 올린다. 국이나 찌개는 작은 종지에 국물을 많지 않게 해 담는다. 마지막으로 한데 담긴 음식들을 가만히 바라본다. 어디서 온 것인지 생각해보고 감사함을 느낀다. 먹을 때는 천천히 맛을 음미하며 그 향을 마음에 담아보도록 한다. 모든 음식을 대할 때 밥 한 숟가락 더는 마음으로 양념을 줄여나간다면 시간이 지날수록 자연스러운 음식과 만나게 된다. 그리고 조금씩 절식하는 습관이 배어 소식을 하게 된다. 이는 사찰의 수행식일 수도 있겠으나, 결국 우리 모두가 일상에서 실천할 수 있는 식습관이기도 하다.

탐심은 결국 어리석음痴을 토대로 자란다.

우리의 식탁도 예외는 아니다. 빠른 조리와 저장이 용이한 각종 인스턴트 식품은 소가족 중심의 생활에 정착한 지 이미 오래다. 사실 이러한 진화는 현대인의 라이프스타일을 고려할 때 어느 정도 이해 가는 부분이기도 하다. 그보다 어리석은 재료는 유전자 변형으로 재창조된 식재료다. 필요한 것을 인위적으로 결합하면 결국 유전자 변형 농산물(GMO)이 나오게 된다. 이런 식재료들은 식량 공급의 안정과 물가 안정을 위한 대책으로 포장되어 왔지만, 결국 현대에 이르러서는 생태계 파괴를 부르는 주요인으로 주목받고 있다. 가장 대표적인 피해 식품은 한국인의 식생활에서 떼려야 뗄 수 없는 '콩'이다. 역사를 거슬러 고조선 때부터 재배된 재래종 콩은 '북탈이콩'으로, 이것으로 된장, 간장을 만들어왔으며 영양 또한 만점이었다. 그런데 언제부턴가 유전자 변형 콩이 생겨났고 우리의 대표적인 일상식인 두부, 콩나물 등도 이들로 만들어지기 시작한 것은 참 안타까운 일이다. 많은 식량을 가축 사육에 사용하고 정작 우리는 유전자 변형 식품을 먹는다는 것은 얼마나 안타까운 일인가. 이와 함께 유전자 변형 또는 농약 성분이 함유된 사료를 가축에게 먹이는 행위 또한 결국 인간 식생활에 치명적인 악순환을 부른다.

식탁 위에 도사린 위험은 그뿐만이 아니다. 착색제, 표백제, 착향료와 조미료, 감미료, 소포제, 유화제, 영양 강화제 등등. 이들을 사용한 식품첨가물에 관련한 문제는 어제오늘 일이 아니니 말할 것도 없다. 인간이 식재료에서 얻은 에너지는 배설로 인해 결국 자연으로 돌아가는 법이니 자연의 생리를 무시한 채 환경을 오염하며 얻은 재료와 음식이 순환하며 몸에 해를 끼치는 것은 너무나 당연한 이야기다. 이는 육류는 물론이고 채소를 대하는 태도에서도 똑같이 겪는 문제다. 무조건 큼직하고 빛깔 좋은 형태를 선호하는 소비자의 단순한 판단이나 대량생산만을 중요시하는 판매자의 어리석음이 맞물린다면 신체의 질병은 우리도 모르는 사이 서서히 진행될 것이다. 어리석음으로 인해 생겨난 탐욕과 두려움은 나와 가족과 이웃 그리고 지구의 건강을 위협한다. 의식주의 평안이 큰 가치를 지니게 된 세상에서 우리가 소비하는 것은 훨씬 여러 가지다. 천연 가죽으로 만든 구두나 지갑에 대한 자부심으로 인해 태어난 지 2시간 된 송아지를 살생하기도 하고, 천연 모피의 따스한 기능을 앞세워 밍크와 알파카 등 수많은 동물이 학대당한다. 그러나 식생활과 함께 일어나는 모든 행동이 탐욕에 따른 어리석은 행동임을 깨달아야 한다.

신체 중에서도 발은 홀대받는 부위 중 하나이나 얼마나 중요한지는 말하지 않아도 잘 알 것이다. 모든 생물이 의지하며 살고 있는 땅의 소중함도 마찬가지다. 우리가 근본이 되는 원리를 표현할 때 '밭'이라는 단어를 자주 쓰는데 이는 밭이 모든 것의 근원이 되기 때문이다. 그런데 지금껏 우리 농토는 어땠는가? 농약, 화학비료는 물론 축산업에서 문제시되는 항생제까지 사용하며 땅을 오염시켰다. 겉만 번지르르한 작물을 수확하기 위함으로, 이렇게 병든 밭에서 거둔 농작물이 과연 우리 몸을 건강하게 지킬 수 있을까. 한편으로 밭을 갈기 전에는 모종을 하면서 덮어둔 비닐을 완벽히 걷어내야 하는데, 만약 비료와 농약을 쓰지 않는다 해도 이 비닐을 제대로 처리하지 않아 열을 가하면 환경호르몬이 발생한다. 이것을 흡입하면 내분비 장애 물질이 발생하고 임파선을 오염시킨다. 현대사회의 대표 질병으로 유방암과 전립선암이 꼽히는 현실만 봐도 수긍이 갈 것이다. 따라서 작물 수확을 위해 사계절 내내 흔히 사용되는 비닐 역시 가급적 쓰지 않거나 사용하더라도 관리를 철저히 해야 함을 일러둔다.

우리는 앞으로 병들어가는 밭을 살리고 건강한 땅을 만들기 위해 끊임없이 노력해야만 한다. 밭이, 땅이 싫어하는 일은 하지 않아야 한다. 그리고 보다 많은 수확을 생각하기 이전에 갖춰야 할 것은 다름 아닌 나 자신의 '건강한 마음밭'일 테다. 그리고 욕심을 비우는 연습과 마음밭을 바라보는 훈련을 멈추지 않아야 한다.

탐심과 진심이 사라진 듯해도 치심癡心, '어리석음'이 남아 있는 한 이는 결국 발아되지 않은 씨앗일 뿐이다. 욕망을 향한 마음(탐심)과 두려움, 분노의 마음까지 멈추더라도, 마지막 남은 어리석음으로 인해 지혜의 밝음을 보지 못하게 된다. 반면에 무지의 반대편에 있는 지혜를 선택한다면 몸과 마음이 치유된 상태, 즉 건강하고 자유로운 삶을 만나게 될 것이다.

Part 5

하루의 활력소 한 그릇 별미밥과 도시락

몸과 마음의 건강에 대한 생각이 재조명되면서 음식이나 명상에 대한 관심도 늘었다. 채식, 절밥에 대한 대중적 관심이 커지고 사찰 음식을 진지한 마음으로 접해보고자 하는 이들도 늘었다. 나 역시 무엇이든 해치지 않는 불상생과 기운을 다스리는 자연 그대로의 식재료로 탄생한 음식들로 사람들을 맞이하니 항상 마음이 흐뭇하다. 그런 만큼 더욱 선한 음식들로 더 많은 젊은 세대에게 가까이 다가서도록 식품 영양의 연구를 통한 메뉴 개발에 정진하는 중이다.

1인 가족, 또는 맞벌이하는 소규모 가족이 일반화된 현시대에 요긴한 상차림은 아무래도 '한 그릇 요리'가 아닐까. 서양식으로 생각하면 '원 플레이트 디시One Plate Dish'와도 같은 개념이고, 혹은 우리에게 친근한 도시락 메뉴로 활용해도 좋을 것이다. 쉽게 만들어 하루 영양소를 챙기는 건강 도시락을 제안하고자 젊은 세대의 입맛에 잘 맞는 다양한 채소 음식을 도시락 통에 정갈히 담아보았다.

하나의 그릇에 영양을 고루 갖춘 음식을 보기 좋게 담아 몸과 마음을 두루 정화하는 한 끼 식사. 여기에도 충분히 오행의 밥상을 담을 수 있다. 삶은 관계 속에서 이뤄지고, 건강한 몸이 건강한 사고를 만든다.

간편 도시락에서 풍미의 도시락까지

석가모니 부처님의 가르침인 경론經論을 강설講說하는, 승가대학이라 불리는 강원講院에서의 산행은 많은 음식을 챙겨 떠나야 하는 불편함이 있다. 누구나 평등해야 하기에 같은 크기, 모양의 도시락이 주어진다. 무장아찌를 다져 참기름에 무친 뒤 김가루를 뿌린 주먹밥 그리고 물 한 잔이 전부다. 한때 어른스님의 원행시자 소임을 맡은 적이 있다. 이때 스님이 원행願行, 원을 이루고자 맹세하고 기도하는 자리을 가실 때마다 도시락을 챙기는 것이 내 몫이었다. 언젠가 스님이 인도 원행을 떠나신 적이 있다. 그때 스님 도시락을 싸는 일로 한참을 고민했는데, 이를 단번에 해결해준 것이 '된장구이'였다. 된장을 콩알이 남아 있지 않도록 잘 치대고 고추는 물기를 꽉 짜둔다. 표고버섯은 다져 된장과 함께 덖어 식힌 뒤 경단처럼 빚는다. 가마솥 은근한 불에서 된장이 바짝 마르도록 구운 뒤, 다시 그늘에 말려 낱개로 만들었다. 스님은 인도에서 뜨거운 물만 부어 된장국을 만들어 드실 수 있었다.

세속과 마찬가지로, 사찰에서도 영양과 간편함을 갖춘 도시락은 늘상 필요했다. 단지 1960~1970년대, 도시락 문화가 발달하지 않았을 때에는 영양과 간편함을 갖춘 '선한 도시락' 만들기에 집중하게 되었다. 물론 이후로 배달 음식, 정크푸드의 인기가 치솟으면서 이를 중심으로 한 메뉴들에 점령당해버린 것이 사실이다.

어릴 적 도시락 반찬은 주로 김치였는데, 가끔 김칫국물이 쏟아져 다른 반찬들과 섞일 때면 곤욕을 치렀다. 사찰의 도시락도 비슷한 부분이 있어, 주먹밥 이외에 된장, 장아찌, 나물 등을 적당히 한 곳에 담을 수밖에 없는 사정상 때로 묘한 맛의 도시락이 완성되기도 했다. 그런데 세월이 지나 1990년대 초반부터 절집살림이 조금씩 나아졌고 이는 사찰 음식이 다양해지는 계기가 되었다. 감자 도우로 만든 피자, 채식 소스의 자장면, 카레라이스 등 대중 인기 메뉴를 절에서 절밥으로도 즐기게 된 것이다. 여전히, 그리고 누구보다 '절밥 도시락'의 필요성을 느끼고 있던 나는 이러한 변화를 맞이하며 도시락 20선을 소개하는 책을 집필하기도 했다. 이어 도시락 전시회를 열었고, 2011년 채식 전문 음식점 '발우공양 콩'을 오픈한 이후로도 도시락 개념의 음식에 한결같은 애정을 쏟아왔다. 한 끼 때우는 식사가 아니라 정성과 여유를 담아 '공덕의 음식'이 되는 도시락. 나는 여전히 곡류와 채소류, 구근류와 줄기, 열매, 꽃 그리고 견과류와 두류가 한데 어우러져 오미오색을 한 번에 즐기고 음미하는 도시락을 싸고, 새로운 메뉴에 대해 구상한다. 간단하면서 소박하고, 오감을 즐겁게 하고, 건강에도 더없이 좋은 채식 도시락은 먹는 이에게 진정한 휴식을 선사한다.

우엉튀김덮밥

바삭바삭하면서 특유의 맛을 지닌 우엉튀김은 밥 위에 올려 소스를 곁들이면 건강 덮밥이 되고, 맥주 한잔 생각날 때 안주로 간단히 튀겨 먹기에도 좋은 메뉴다.

재료(1인분)

우엉 1/2대
소금 약간
식용유 적당량
밥 1공기

*간장 소스
집간장 1작은술
채수 2큰술
식초 2큰술
배즙 2큰술

만드는 법

1. 우엉은 깨끗이 씻어 칼등이나 칼끝으로 껍질을 살살 문질러 벗긴다. 5cm 정도 길이로 자른 뒤 슬라이스 해서 곱게 채 썬다.
2. 분량의 재료를 잘 섞어 간장 소스를 만든다.
3. 180℃로 예열한 기름에 우엉을 넣고 튀긴다. 오래 튀길 필요 없이 1~2분 정도 노릇해질 정도로 튀겨내면 된다.
4. 건져서 기름을 뺀 뒤 소금을 가볍게 뿌려 간한다.
5. 밥 위에 튀긴 우엉을 얹고 ②의 간장 소스를 부어 비벼 먹는다.

Tip. 식이섬유가 풍부한 우엉은 다이어트 식품으로도 인기 높다. 콜레스테롤 수치를 낮추고 동맥경화를 예방하는 효과도 있다. 우엉 고유의 맛은 껍질 쪽에 있으므로, 칼로 두껍게 깎아내는 대신 문질러서 벗겨내는 것이 좋다.

모둠채소덮밥

영양 균형을 고려한 오방색 채소들을 올려 만든 덮밥으로, 소금과 간장, 참기름으로만 밑간한 재료들이 어우러져 다이어트 도시락으로도 훌륭하다.

재료(2인분)

밥 2공기
사각 유부 4개
당근 30g
청경채 4개
표고버섯 2개
양배추 30g
연근 50g
마 30g
집간장·참기름 1큰술씩

만드는 법

1. 유부는 끓는 물에 두 번 데친 뒤 채를 썰어 간장과 참기름으로 볶는다.
2. 당근은 채 썰어 소금, 참기름으로 밑간한 뒤 팬에 볶는다.
3. 청경채는 밑동을 살짝 잘라내고 잎을 한 장씩 떼어내 흐르는 물에 깨끗이 씻는다. 끓는 물에 소금을 약간 넣고 청경채를 넣은 뒤 30초 정도 가볍게 데친다. 채반에 밭쳐 물기를 빼둔다.
4. 표고버섯은 겉면을 깨끗이 닦고 기둥을 잘라낸 뒤 잘게 다지듯 썬다. 참기름과 집간장으로 밑간한 뒤 달군 팬에 볶는다.
5. 양배추는 채 썬 뒤 소금을 약간 뿌려 달군 팬에 볶는다.
6. 연근은 깨끗이 씻어 껍질을 벗기고 얇게 슬라이스한 뒤 팬에 구워 익힌다.
7. 마는 깨끗이 씻어 껍질을 벗긴 뒤 5cm 정도 길이로 얇게 채 썬다.
8. 접시 또는 도시락 용기에 밥을 담고, 그 위에 모든 채소를 보기 좋게 돌려 담는다.

연근구이덮밥

연근을 한 그릇 덮밥으로 먹을 때는 완자처럼 곱게 갈아 부드러운 식감으로 구워내 올려도 이색적인 음식이 된다. 양념이 잘 밴 연근구이는 신선한 양배추 채와 곁들여 먹어도 맛 궁합이 좋다.

재료(1인분)

연근 400g
우리밀 밀가루 2큰술
소금 약간
양배추 30g
참기름 · 집간장 · 조청 1큰술씩
밥 1공기

만드는 법

1. 연근은 깨끗이 씻어 껍질을 벗기고 강판에 곱게 간다.
2. 볼에 ①과 밀가루 2큰술을 넣어 반죽하듯 잘 섞은 뒤 소금을 약간 넣어 간한다.
3. 양배추는 곱게 채 썬다.
4. ②의 연근 반죽을 도톰하게 네모난 모양으로 만든 다음, 달군 팬에 식용유를 두르고 앞뒤로 굽는다.
5. 분량의 참기름, 집간장, 조청을 잘 섞어 ④의 구운 연근에 골고루 바른다. 이 상태로 다시 두 번을 더 구워낸다.
6. 그릇에 밥과 양배추 채를 반씩 나눠 담고, 그 위에 ⑤의 구운 연근을 올려 완성한다.

Tip. 연근은 비타민 C가 풍부하며 비타민 B1도 함유되어 피부 미용에 좋은 채소다. 위를 보호하는 효과도 탁월하다.

콩불고기덮밥

채식에 관심 갖는 젊은 층이 늘면서 새롭게 각광받는 대표 식재료가 바로 콩단백이다. 콩단백을 양념한 콩고기는 각종 고기 요리 대용으로 활용할 수 있으며, 무엇보다 건강하고 맛도 좋다.

재료(1인분)

콩단백 30g
표고버섯 1개
양송이버섯 2개
청·홍고추 1개씩
통깨 적당량
밥 1공기

*콩고기 양념
집간장 2큰술
조청 1큰술
배즙 3큰술
후춧가루 1작은술

만드는 법

1. 분량의 재료를 한데 넣고 잘 섞어 콩고기 양념장을 만든다.
2. 콩단백은 찬물에 30분 정도 불려 물기를 꼭 짠 다음, ①의 양념장에 담가 간이 배게 둔다.
3. 표고버섯은 표면의 먼지를 닦아내고 기둥을 떼어낸 뒤 얇게 채 썬다.
4. 양송이버섯은 흐르는 물에 가볍게 씻은 다음 기둥을 떼어내고 얇게 슬라이스한다.
5. 청·홍고추는 깨끗이 씻어 씨를 제거하고 송송 썬다.
6. 달군 팬에 ②의 양념한 콩단백을 올려 불내 나게 굽는다.
7. 표고버섯, 양송이버섯도 달군 팬에 올리고 소금을 살짝 뿌려 굽는다.
8. ⑥, ⑦과 송송 썬 고추를 볼에 담고 잘 섞는다.
9. 그릇에 밥을 담고, 위에 ⑧을 얹은 다음 통깨를 솔솔 뿌려 완성한다.

Tip. 콩으로 고기 식감을 재현한 콩단백은 단백질과 함께 식이섬유도 풍부하다. 찬물에 불려 쫄깃한 식감을 살린 뒤 볶음, 튀김, 찌개 등 다양한 요리에 활용할 수 있다.

채식카레덮밥

냉장고 속에 든 각종 자투리 채소들을 한데 넣고
한솥 끓여두면 2~3일 아침·점심을 푸짐하고 맛 좋게
해결할 수 있는 한 그릇 별미 식사.

재료

감자 1개
브로콜리 30g
새송이버섯 1개
양송이버섯 3개
표고버섯 2개
애호박 30g
카레가루 150g
물 3컵
올리브유 3큰술
밥 1공기

만드는 법

1. 감자와 당근은 씻어 껍질을 벗긴 뒤 1cm 정도 크기로 깍둑썰기 한다. 애호박도 비슷한 크기로 썬다.
2. 새송이버섯은 흐르는 물에 깨끗이 씻어 길이대로 채 썰고, 양송이버섯은 기둥을 떼어내고 흐르는 물에 헹궈 도톰하게 슬라이스한다. 표고버섯은 표면을 닦아낸 뒤 기둥을 떼어내고 슬라이스한다.
3. 볼에 카레가루와 물을 넣고 잘 개어 카레물을 만든다.
4. 달군 팬에 올리브유를 두르고 감자, 당근을 넣어 볶기 시작한다.
5. ④가 어느 정도 익으면 호박, 버섯 등 남은 채소를 함께 넣고 볶는다.
6. ⑤에 카레물을 붓고 주걱으로 저으면서 농도가 걸쭉해질 때까지 끓인다.
7. 고슬하게 지은 밥 1공기를 접시에 담고 완성한 카레를 올린다.

콩고기샐러드

콩불고기 덮밥과 같은 방법으로 조리한 콩고기구이를 샐러드로 변형한 메뉴. 칼로리가 낮고 포만감은 높아 맛 좋은 다이어트 별미식으로 챙겨 먹기에 훌륭하다.

재료

콩단백 30g
당근 30g
양상추 50g
3가지 파프리카
(빨강, 노랑, 초록) 1/4개씩

*콩불고기 양념
집간장 2큰술
조청 1큰술
배즙 3큰술
후춧가루 1작은술

*샐러드 드레싱
집간장 2큰술
발사믹 식초 2큰술
배즙 3큰술
소금 약간

만드는 법

1. 분량의 재료를 한데 넣고 잘 섞어 불고기 양념을 만든다.
2. 콩단백은 찬물에 30분 정도 불려 물기를 꼭 짜낸 다음, ①의 양념장에 담가 간이 배게 둔다.
3. 깨끗이 씻어 껍질 벗긴 당근은 4~5cm 길이로 곱게 채 썰고, 양상추는 손으로 적당히 찢어둔다.
4. 파프리카도 당근과 같은 길이로 채 썬다.
5. 달군 팬에 ②의 양념한 콩단백을 올려 불내 나게 굽는다.
6. 분량의 재료를 잘 섞어 샐러드 드레싱을 만든다.
7. ⑤의 콩고기와 각종 채소들을 잘 섞어 그릇에 담는다.
8. 준비한 샐러드 드레싱을 뿌리거나 곁들여 낸다.

福

산야초초밥

이름 그대로 초양념한 밥 위에 생선살 대신 산에서 나는 신선한 채소를 올려 만든 초밥이다. 입안 가득 산채 향이 퍼지니, 계절 따라 다양한 채소들을 두루 활용해 영양 균형을 갖춘 도시락을 마련해봐도 좋을 것이다.

재료

불린 백미 2컵
더덕 2~3뿌리
표고버섯 2개
도라지 2뿌리
집간장·참기름 1/2큰술씩
고추냉이 적당량
참기름 약간

*단촛물
식초 4큰술
설탕 4큰술
소금 1큰술

*더덕 양념장
고추장 1큰술
조청 1작은술
참기름 1작은술

만드는 법

1. 분량의 식초, 설탕, 소금을 약한 불에서 끓여 단촛물을 만든다.
2. 1시간 정도 불린 쌀로 밥을 고슬하게 짓는다.
3. 밥을 짓는 동안 초밥에 얹는 채소들을 손질한다. 우선 더덕은 껍질을 벗기고 돌려 깎은 다음 방망이로 두들기며 찢어지지 않을 정도로 편다.
4. 분량의 재료를 한데 넣고 섞어 더덕 양념장을 만든다. 손질한 더덕에 양념을 바르고 팬에 구운 다음, 초밥용 크기로 잘라 준비한다.
5. 도라지는 껍질을 벗기고 방망이로 두드려 연하게 만든 다음 얇게 저민다. 집간장, 참기름으로 조물조물 무친 다음 달군 팬에 올려 굽는다.
6. 표고버섯은 깨끗이 닦아 기둥을 떼어낸 다음, 옆으로 비스듬히 저며 썰어 마른 팬에 굽는다.
7. 밥이 지어지면 뜨거울 때 ①의 단촛물을 넣고 골고루 섞는다.
8. 한 김이 나간 밥을 한 숟가락 정도 모양 내어 쥐고 취향에 따라 고추냉이를 밥 위에 올린다.
9. 초밥 위에 준비한 재료들을 얹고 가볍게 눌러 완성한다.

Tip. 산야초 초밥의 재료는 무궁무진하다. 데친 두릅을 집간장으로 무쳐 올리거나 소금, 식초, 설탕으로 절인 씀바귀를 올리는 등 취향에 따라 좋아하는 식감의 채소를 두루 활용해보면 좋다.

꼬마김밥 3종

출출할 때 한 가지 메인 재료만 이용해 바로 만들어 먹을 수 있는 꼬마김밥. 달착한 우엉조림과 당근, 깻잎으로 말아도 좋고 우엉 대신 취나물과 버섯을 넣은 뒤 알싸한 겨자 맛을 곁들여도 별미다. 집에 묵은지가 있다면 양념만 씻어내고 김밥을 말아 하루 한 끼 다이어트 식단에 곁들여도 좋다.

우엉당근김밥

재료(4줄 분량)

밥 1공기, 김밥 김 1장, 우엉 1대, 당근 20g, 깻잎 4장

만드는 법

1. 우엉조림은 p.189를 참고해 만든다. 어슷 썰지 말고 길게 채 썰어 조리면 김밥 재료가 된다.
2. 껍질 벗긴 당근은 곱게 채 썬 다음, 달군 팬에 참기름을 약간 두르고 소금으로 살짝 간해 볶는다.
3. 김은 4등분으로 자른다.
4. 김에 밥 1/4 분량을 펴 올리고 깨끗이 씻은 깻잎 1장을 깐다. 그 위에 우엉조림과 당근을 얹어 돌돌 만다.

취나물겨자김밥

재료(4줄 분량)

밥 1컵, 김밥 김 1장, 취나물 100g, 당근 20g, 표고버섯 1개, 소금 1작은술, 참기름 1작은술 *발효 겨자 소스 겨잣가루·조청·식초·배즙 1작은술씩

만드는 법

1. 취나물은 질긴 줄기를 잘라내고 씻어 끓는 물에 소금을 약간 넣고 데친다. 찬물에 헹궈 물기를 꼭 짠 다음, 참기름과 소금을 적당히 넣어 조물조물 무친다.
2. 껍질 벗긴 당근은 곱게 채 썬 다음, 달군 팬에 참기름을 약간 두르고 소금으로 살짝 간해 볶는다.
3. 손질한 표고버섯도 채 썰어 참기름과 소금으로 간해 무친 다음 달군 팬에 볶는다.
4. 김은 4등분으로 자른다.
5. 김 위에 밥 1/4분량을 펴고 취나물과 당근, 버섯을 가지런히 올린다. 준비한 발효 겨자 소스를 골고루 바른 뒤 돌돌 만다. 겨자 소스는 따로 곁들여 찍어 먹어도 좋다.

익은지김밥

재료(4줄 분량)

밥 1공기, 김밥 김 1장, 익은지 2대, 표고버섯 1개, 참기름 1작은술, 소금 약간

만드는 법

1. 익은지는 물에 두 번 헹궈 양념을 씻어내고 물기를 꼭 짠다.
2. ①을 길이로 길게 자른 다음 참기름 1큰술을 넣어 조물조물 무친다.
3. 표고버섯은 표면을 깨끗이 닦고 기둥을 떼어낸 뒤 얇게 채 썬다. 참기름과 소금으로 가볍게 간해 무친 다음 달군 팬에 볶는다.
4. 김은 4등분으로 자른다.
5. 김 위에 밥 1/4분량을 펴고 익은지를 펴 올린다. 볶은 버섯을 골고루 얹어 돌돌 만다.

배추쌈밥

한 끼 식사에 섬유질을 풍부하게 섭취할 수 있는 담백한 쌈밥. 배춧잎이 없으면 양배춧잎으로 대체해도 좋고, 잡곡밥이나 볶음밥을 넣어도 색다르게 즐길 수 있다.

재료

밥 1공기
배춧잎 6장

*초고추장
고추장·조청·식초 1큰술씩

만드는 법

1. 배춧잎은 잎이 넓고 얇은 속배추를 준비한다. 끓는 물에 데쳐 너무 무르지 않을 정도로 익힌 다음, 찬물에 헹궈 물기를 꼭 짠다.
2. 배춧잎을 펼쳐 밥을 적당히 펴 얹고 잘 싸서 둥글게 말아준다.
3. 분량의 재료를 한데 넣고 잘 섞어 초고추장을 만든다.
4. 그릇에 ②의 배추쌈밥을 나란히 올리고 초고추장을 뿌리거나 따로 곁들여 낸다.

단호박볼

단호박은 고유의 단맛과 포슬한 식감이 좋아 없던 입맛을 돌리는 데에 탁월한 채소다. 그대로 굽거나 볶아 먹어도 맛있지만, 냉장고 속 채소 몇 가지를 곁들여 한입 크기 주먹밥 도시락을 만들어도 좋을 것이다.

재료

단호박 200g
도라지 2대
청 · 홍고추 1개씩
소금 1작은술
참기름 1큰술

만드는 법

1. 단호박은 껍질을 벗겨 씨를 발라낸 뒤 적당한 크기로 잘라 김이 오른 찜기에 넣어 찐다.
2. 도라지는 소금을 뿌려 골고루 문지른 뒤 깨끗이 헹군 다음, 주먹밥 재료로 잘게 다져둔다.
3. 청·홍고추는 깨끗이 씻어 씨를 제거한 뒤 다진다.
4. ①의 찐 단호박은 한 김 식힌 뒤 으깬다.
5. 다진 도라지와 고추는 달군 팬에 함께 넣고 가볍게 볶아 익혀둔다.
6. 볼에 으깬 단호박과 다진 도라지, 고추를 모두 넣고 참기름 1큰술을 넣어 잘 버무린다.
7. ⑥을 한입 크기의 작은 볼 모양으로 빚는다. 기름 두르지 않은 달군 팬에 올려 굴리면서 구워 완성한다.

Tip. 도라지는 면역 기능을 좋게 하는 사포닌 성분을 함유하고 있다. 목감기나 기관지염, 천식 등의 증상이 있을 때 꾸준히 섭취하면 증상이 호전된다. 도라지가 없다면 냉장고 속 다른 채소를 다져 넣어도 상관없다.

심신이 맑아지는 차 생활

‘차나 밥을 먹는 것처럼 흔한 일’이라는 뜻의 일상다반사란 말이 있다. 커피가 대중화된 현실이나, 음식을 먹는 것처럼 차도 일상에 깃들어야 한다. 한 잔의 차는 정신을 맑게 하여 자신의 마음을 살펴보게 하며, 이것이 곧 일상의 수행이다.
우려 마시는 차는 부드러운 꽃이나 잎을 생것, 또는 말리거나 덖어 사용한다. 팔팔 끓여 마시는 차는 원당이나 설탕, 꿀 등에 재우거나 대추, 생강, 계피 등을 넣어 맛과 향을 깊게 우려낸 종류다. 한편으로 모든 식물은 사포닌이 풍부해, 말차차선을 이용해 거품을 내면 부드러운 목 넘김과 함께 차가 지닌 진한 풍미와 향기를 즐길 수 있다.
손수 차린 음식으로 수많은 사람과 매일 조금씩 새로운 밥상을 공유하며 사찰요리 기반의 친근한 채소 요리에 접근한 것처럼, 차와 음료 역시 다도의 자세를 기본으로 다양하게 즐기는 법을 알게 되었다. 요리 수업이나 외부 일이 있을 때는 식사 후에 커피를 마시지만 이런 시간에도 차를 마실 수 있는 시간이 되면 자연스럽게 차를 권한다.
즐겨 마시는 차를 꼽자면 수도 없겠으나 보이차, 봉황단총, 칡차, 생강차 등이 대표적이다. 중국 보이 지방에서 파생된 보이차는 숙성된 맛의 기품과 약용 물질의 생성으로 인해 많은 사랑을 받는 중국차 중 한 종류다. 최근 차 마시는 문화가 확산되면서 젊은 층도 보이차에 큰 관심을 갖게 되었다. 단지 양에 비해 가격이 고가인 편이므로 품질이 좋은 것은 귀하게 맛볼 수 있을 것이다. 중국 우롱차의 한 종류인 봉황단총차 역시 같은 의미로 훌륭한 종류다. 추운 겨울에는 생강차로 체온을 높이고, 피로가 몰린 날에는 유자차나 매실차로 비타민을 채운다.
물론 연잎차도 빼놓을 수 없다. 녹차와 비슷한 듯하면서도 고유의 은은한 향과 맛을 지녀 심신에 좋은 기운과 영양 성분을 전한다. 연꽃이 개화하는 7~8월에는 금수암을 찾은 분들께 연꽃연잎차를 대접한다. 연잎차에 연꽃까지 함께 띄워 차를 만드는데 이들이 함께 어우러진 모양새와 맛, 향이 참으로 아름답다. 단지 도시에서는 이렇게 즐기기가 힘든 현실이므로 산지의 연잎, 또는 연꽃차 제품을 구입해 차를 간편하게 끓일 수 있는 방법을 소개한다.

연잎차

재료

연잎 1kg

만드는 법

1. 연잎은 깨끗이 씻은 뒤 말려 물기를 없앤다.
2. 연잎을 여러 장 겹쳐 곱게 채 썬 다음, 그늘에 두어 5일 정도 말린다.
3. 바닥이 두꺼운 스테인리스 냄비에 ②의 찻잎을 넣고, 면장갑을 낀 두 손으로 10분간 중약불에서 빠르게 덖는다.
4. ③을 체에 담아 찌꺼기를 걸러내고 다시 덖는다. 이 과정을 세 번 반복한다.
5. 차를 마실 때는 다관에 덖은 찻잎 1작은술을 넣고, 90℃로 끓인 물을 1컵 정도 부어 5분가량 우린 뒤 따라 마신다.

Tip. 스테인리스 냄비 대신 한 번도 사용하지 않은 새 팬, 또는 무쇠솥을 이용해도 된다.

연꽃차

재료

연꽃 1송이

만드는 법

1. 연꽃의 꽃잎을 1장씩 펼쳐 수반에 올린다.
2. 끓인 물을 꽃잎이 충분히 잠길 때까지 연꽃의 수술에 천천히 부어준다.
3. 1~2분 정도 지나면 연잎이 활짝 피어난다. 이때 찻잔에 따라 마신다.

차선은 가루차와 끓인 물을 저어 거품을 내는 다구로, 차와 물이 잘 섞이게 하며 거품으로 인해 맛도 더욱 좋아진다. 대나무 쪼개짐에 따라 80본, 100본, 120본의 세 종류가 있으며, 일반인이 거품을 내기에는 대가 긴 것을 구비하는 것이 편리하다.

홍삼 진액에 끓는 물을 부은 뒤 차선으로 충분히 저으면 건강차 홍삼라테가 완성된다. 마찬가지 방법으로 다양한 원액을 활용해 말차라테, 블루베리라테 등 맛좋은 차를 즐길 수 있다.

생강차
매실차
칡차
블루베리차

생강차

재료

생강 1kg, 잣 적당량

만드는 법

1. 생강은 깨끗이 씻어 껍질을 벗긴 뒤 물기를 제거하고 채 썬다.
2. 햇볕이 잘 들고 바람이 잘 통하는 곳에 두어 일주일 정도 말린다.
3. 차를 마실 때는 다관에 말린 생강을 1작은술 넣고, 끓는 물 한 컵 정도를 부어 5분가량 우린 뒤 따라 마신다. 잣이 있으면 함께 띄운다.

Tip. 단시간에 만들려면 오븐, 또는 건조기에 넣고 5~6시간 정도 말려도 된다.

매실차

재료

매실 3kg, 사탕수수 원당 3kg

만드는 법

1. 매실은 깨끗이 씻어 물기를 뺀다. 사탕수수 원당을 넣고 골고루 버무려 하루 정도 둔 뒤, 보관용 유리 용기나 항아리에 넣고 남은 사탕수수 원당으로 덮는다.
2. 100일 정도 지나면 뚜껑을 열어 건더기와 매실액을 분리한다.
3. 따로 보관한 매실액은 1년이 지난 뒤 차의 재료로 사용한다.
4. 차를 마실 때는 잔에 끓인 물 한 컵(200ml)과 매실청 2큰술을 넣고 잘 저어 마신다.

칡차

재료(1잔 분량)

칡생즙 200ml, 휘핑 크림 50ml, 끓인 물 200ml

만드는 법

1. 잔에 칡생즙 200ml와 휘핑 크림 50ml를 컵에 넣고 끓인 물을 부어 거품기(또는 차선)로 잘 저어 섞는다.
2. 남은 휘핑 크림을 거품 낸 뒤 차 위에 얹어 낸다.

Tip. 시판용 칡생즙을 구입해 사용하면 간편하며, 칡을 직접 말린 뒤 끓여 먹는 방법도 있다.

블루베리차

재료(1잔 분량)

블루베리 분말 1큰술, 끓인 물 200ml

만드는 법

1. 잔에 블루베리 분말 1큰술을 넣는다.
2. 끓인 물 한 컵을 붓고 거품기(또는 차선)로 저어 적당히 거품 낸 뒤 마신다.

유자청차

재료

유기농 유자 1kg, 사탕수수 원당 1kg

만드는 법

1. 유자는 흐르는 물에 깨끗이 씻어 물기를 뺀다.
2. 유자의 꼭지를 떼어내고 4등분해 씨를 뺀 뒤 얇게 썬다.
3. ②에 사탕수수 원당의 2/3 분량을 고루 섞은 다음 보관용 유리 용기에 담는다.
4. ③ 위에 남은 설탕을 덮고 그늘진 곳에 3개월 정도 두어 청을 담근다.
5. 차를 끓일 때는 유자청 3큰술에 뜨거운 물을 부어 저은 다음 체에 걸러 컵에 담아 낸다.

청귤생강차

재료

청귤 20개, 생강 생즙 500g, 사탕수수 원당 00g

만드는 법

1. 청귤은 흐르는 물에 깨끗이 씻어 물기를 뺀다.
2. 청귤은 꼭지를 떼어내고 가로로 얇게 슬라이스한다.
3. 큰 볼에 ②를 담고 생강 생즙을 부어 섞은 다음, 같은 용량의 용량을 넣어 다시 잘 섞는다.
4. ③을 보관용 유리 용기에 넣고 그늘진 곳에 3개월 정도 두어 청을 담는다.
5. 차를 끓일 때는 청 2큰술에 뜨거운 물을 부어 저은 다음 체에 걸러 컵에 담아 낸다.

보이차

index.

채소밥을 대하며 우리가 가져야 할 마음가짐

우리는 매 순간 경험하고 알아차리고, 아는 만큼 보고 느낀다. 이것이 내가 사유를 넘어 세상을 바라보는 불가적 관점이며, 지금까지 수행해오며 우주를 바라보고 성찰한 부분이기도 하다. 수행을 위해 들어온 지리산 금수암에서 승복을 입고 음식을 만든 지도 이제 30년 넘는 시간의 흐름을 맞이했다. 음식 공양은 절을 찾은 이들을 위한 대접에서 비롯되었으나, 지난 10여 년간 음식을 만드는 것 자체가 일상이자 내 몸을 지키는 시간이기도 했다. 사찰음식의 연구와 강연에 정진하는 승려가 된 것도 한국 전통 음식을 기반으로 한 채식 요리의 매력을 알린 덕분이라고 생각한다. 찬바람을 맞으며 토굴로 찾아와 쌀 한 되를 시주해주신 보살님께 엉긴콩김칫국을 공양하던 그 순간부터, 음식을 만드는 것은 내 즐거움이었다. 절을 찾아온 이들에게 음식을 대접하는 것 또한 커다란 기쁨이자 행복이 되었다.

나는 어쩌다가 요리하는 스님이 되었을까. 여러 갈래, 여러 임무가 있었음에도 왜 음식을 택하게 되었는지. 무한 대자대비를 품은 부처님께서 왜 모든 음식을 허락하지 않으셨는지, 또 인간에게 허용되지 않는 음식은 왜 그런 것인지, 오랜 시간 동안 자문하고 숙고해왔다. 그리고 조금씩 깨닫기 시작했다. 인연 있는 곳에 태어나고 살면서 그곳의 문화 풍습을 따르며 사는 인연법에서 사찰음식을 한다는 것. 이는 천상에 머무르는 음식의 문화를 실천하고 있음과 다름없다는 사실이었다. 이후로 사찰음식을 전파하는 일이야말로 모든 생명과 교감하는 소통의 끈이자 내가 바란 소망임을 새롭게 깨달았다.

금수암 앞의 텃밭은 유기화한 지 이제 30년이 다 되어가는, 진정으로 건강한 토양이다. 토양을 건강하게 하려면 농약을 치는 대신 잡초를 뽑아주고 좋은 '유기 거름'을 써야 한다. 욕심 부리지 말고 땅을 사랑해야만 땅의 산성화를 막을 수 있다. '산성화'된다는 것은 땅이 늙고 병들어감을 의미하며, 이는 땅이 기력을 잃는 동시에 면역력도 약해져 작물 또한 건강하게 자라지 못함을 의미한다. 그러니 다시 약을 칠 수밖에. 이렇게 악순환은 반복되는 것이다. 정부에서 농약을 관리하며, 지구상에서 유일하게 '유기화된 땅'을 보존한 곳이 캐나다라고 한다. 그들처럼 우리도 농약 관리를 철저히 해 땅을, 건강한 자연의 식재료를 지켜야 한다. 남이 쓰니 나도 쓰고, 그동안 계속 통용되었으니 올해에도 또 사용해도 괜찮다는 생각으로 농약과 화학비료 사용을 끊지 않는다면 아무리 땅에서 나는 식재료 위주의 음식만 섭취한다고 해도 병은 생길 수밖에 없다.

항상 강조하는 부분이지만 생명체에게 미안함이 덜 하는 식사법, 음식을 먹으며 감사함을 느끼는 당당한 식사법 그리고 생명을 덜 해치는 고마움의 식사법이 모두 갖춰질 때 비로소 채소 음식의 의미와 소중함도 깨닫게 된다. 소박하지만 큰 특별함이 없는 자연식이고, 음식 하나하나에 생명 존중 사상이 담겼기 때문이다. 지난 10여 년에 걸쳐 다수의 사찰음식 요리책을 냈고, 꽤 오랜 시간이 지나 〈채소밥〉이라는 책을 새로이 집필했다. 요즘 젊은이들이 쉽게 구할 수 있는 채소를 이용한 일상의 채소 음식을 주제로 한 내용이다.

사찰식 채소밥이 맛있는 이유

채식 요리, 특히 그중에서도 절집의 채소 음식은 만드는 방법이 아주 간단하다. 신선한 채소와 곡류를 기본 재료로 하고, 쓰는 기본 양념도 단순하며 조리법 또한 복잡하지 않다. 그런데 내 사찰음식 수업을 듣는 학생들은 음식을 배우기 시작하면서 항상 비슷한 질문을 한다.

"참 단순한 것 같은데 만드는 요리마다 맛있으니, 어떤 비결 때문일까요?"

이에 대한 분명한 답이 있다. 이 땅의 기운을 받고 자라 우리 심신의 순환과 연결된 신선한 재료의 사용은 기본이고 이와 함께 모든 식재료에는 '그에 어울리는 밑간'이 필요하다는 사실이다. 절밥 하면 오신채를 사용하지 않아 심심한 음식이라고 생각하는 사람들이 여전히 많은데, 자극적이지 않은 담백함에서 느끼는 좋은 맛이야말로 채식의 매력이라 할 수 있다. 또 사시사철 식재료가 지닌 저마다의 성질은 물론이고, 모든 식물의 뿌리, 줄기, 잎, 꽃, 열매 또한 각기 다른 성질을 지닌다. 이들을 맛있게 조리하기 위해서는 항상 재료 특성과 양을 고려해 적당한 간을 하는 것이 비결이라 하겠다. 처음에는 가볍게 밑간을 해주고, 조리를 마치는 마지막 상황에서 맛본 뒤 모자란 간을 보충하는 정도다. 간이 덜 된 경우 사용하는 양념은 참기름과 소금이다. 덖고 굽고 무치는 모든 재료를 밑간한 뒤 마치 차를 덖듯 마른 팬에 뒤적뒤적 볶아내어 조리하는 것이 맛의 한끗 차이를 만드는 비결인 셈이다. 특히 이러한 전통 조리법은 재료를 다룰 때 기름을 두르고 볶는 중국식 조리법과 완성된 맛에 차이가 있음을 알려주고 싶다. 한편으로 맛을 위한 최적의 조합이 그 음식을 당기게 하는 묘미가 있음을 깨닫고 '쉬운 음식'에 대한 생각을 갖게 되었다. 즉 오랜 시간 음식 만들기를 꾸준히 행하다 보면, 마치 공식과도 같이 맛 조합에 관련해 들어맞는 부분이 생기는 것이다. 그러니 요리 역시 하면 할수록 쉬운 것임을 알고 경험으로 조화로운 맛을 익히기 바란다.

채소밥이 온전한 제맛을 갖추기까지는 만드는 이의 자세 또한 중요하다. 여러 저서와 강의를 통해 항상 강조해온 덕목인 청정, 유연 그리고 여법이다. 몸과 마음을 청정하게 하는 수행의 하나로 꼽히는 '청정'은 식재료를 넘어 음식 한 품을 만드는 모든 자세와 연결된 문제다. '유연'은 세심함과 연결되어 조리하는 채소와 섭취하는 이의 조화를 살린 참맛의 구현이다. 그리고 앞서 설명한 '여법함'이란 음식을 만들고 밥상을 차리는 모든 행위에서 단정함과 정갈함을 놓지 않는 자세다. 한편으로 채식의 유익함은 누구나 머리로는 이해하면서도 선뜻 받아들이기가 힘들다. 몸이 지녀야 할 에너지에 대한 문제는 단백질 섭취로 집중되기 때문이다. 그 결과 요즘은 '저탄고지'의 식이요법이 유행하고 있으나, 어떠한 이유이든 간에 인공적이고 자극적인 맛을 내세운 음식은 몸에 이로울 리 없다.

채식은 기후위기에 대응하는 자세의 하나다

지금껏 채소 음식을 만드는 데 위의 세 가지 덕목을 중시했다면 최근 몇 년 사이 한 가지를 더했으니, 환경과 관련한 식사법으로서의 채식이다. 이번 책 작업을 이어가던 여름부터 가을까지 이상기후 현상을 맞아 몇 개월간 난항을 겪었다. 한 달 넘게 이어지는 장마와 태풍 소식으로 함께 작업하는 이들이 모이지 못하며 정해진 촬영도 무려 네 번을 미루게 되었다. 항상 우리에게 직면한 문제라고 탄심해온 기후위기를 일상에서 체감하는 기간이었으며, 이제 우리 모두의 삶과 직면한다는 사실임을 깨달았다. 환경 문제를 직시한 뒤 비건, 채식의 중요성을 깨닫고 실천하는 전 세계 젊은 층이 목소리를 낸다. 이들이 생활의 변화를 갖기 시작하면서 식문화의 패러다임 역시 서서히 변화한다. 그러하니 오랜 세월 사찰음식을 만들며 채식 요리의 다양화에 정성을 쏟은 내게 이번 책은 더욱 큰 의미를 지닌다. 굳이 '사찰음식'이라는 수식어가 필요 없는, 채식 생활을 시작하는 젊은 세대가 쉽게 활용할 수 있는 한 권이기 때문이다. 일상적인 장보기를 통해 매일 만들어 먹을 수 있는 채소밥을 즐겨보기 바란다.

2020년 가을 지리산 금수암에서

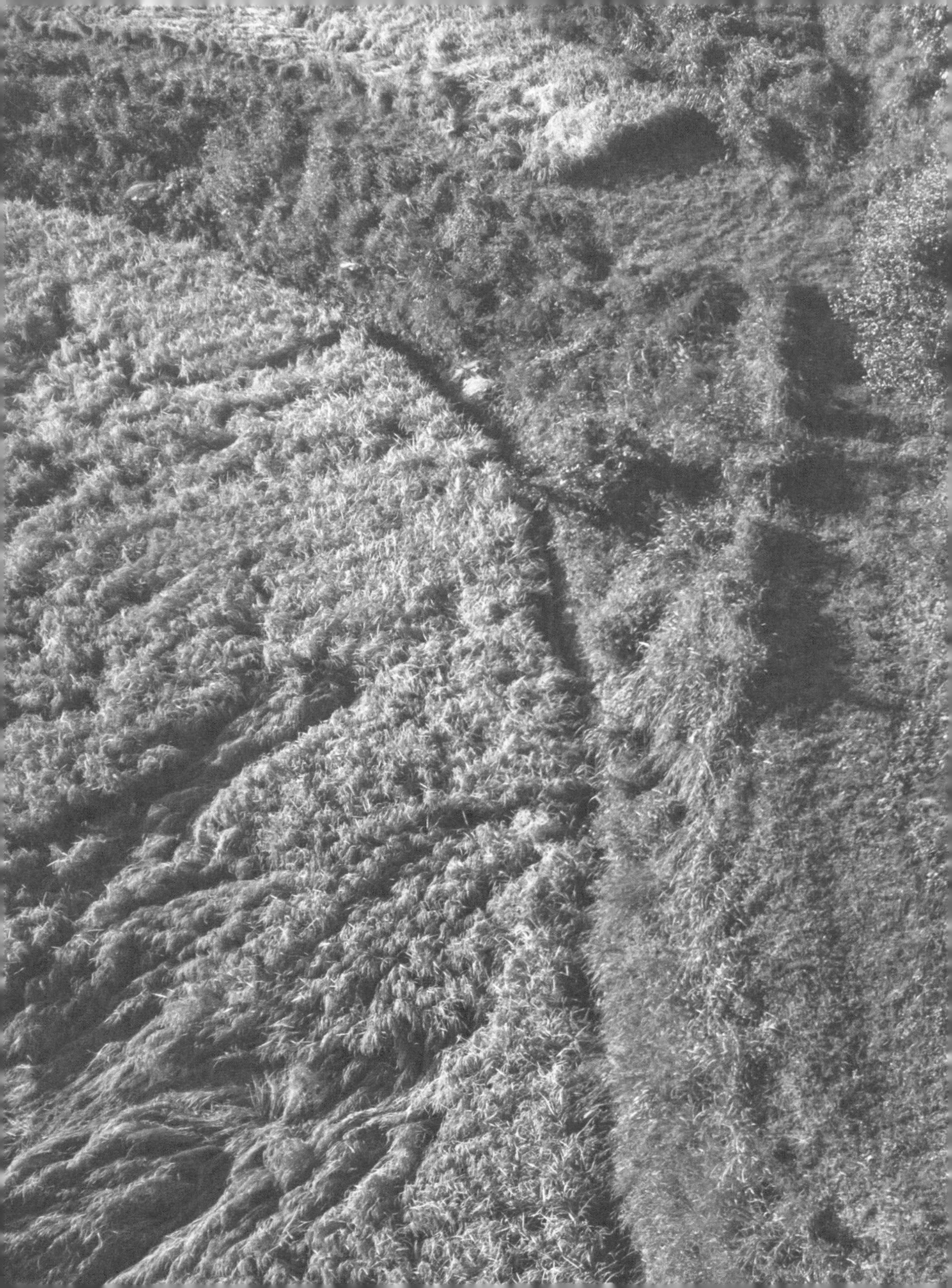

몸과 마음을 편히 다스리는 식사
대안스님의 채소밥

초판 1쇄 발행 2020년 11월 30일
초판 3쇄 발행 2024년 8월 17일

지은이 대안스님

펴낸곳 책책
펴낸이 선유정
편집인 김윤선

사진 전재호(스튜디오 따라)
디자인 디자인 고흐
교정교열 박소영

그릇 협찬 현대공예사(031-635-2114)
요리에 도움 주신 분들 차유민, 이명금, 강효신, 박현자,
서정민, 이지영, 김혜진, 이솜이, 김건후

출판등록 2018년 6월 20일 제2018-000060호
주소 (03088)서울시 종로구 이화장1길 19-6
전화 010-2052-5619
전자주소 chaegchaeg@naver.com

ISBN 979-11-91075-01-4

* 책값은 뒤표지에 있습니다.